JN069948

THE PRODUCT-LED ORGANIZATION

顧客と組織と成長をつなぐ
プロダクト主導型の構築

プロダクト・レッド・オーガニゼーション

トッド・オルソン 著　横道 稔 訳

日本能率協会マネジメントセンター

まえがき

私は開発者だ。14歳の頃からソフトウェアを開発しリリースしてきた。あの頃と比べると多くのことが変わった。覚えている人も多いと思うが、昔はソフトウェアを期待通りの品質で納期に合わせてリリースするのは難しかった。「デスマーチ」とも呼ばれるプロジェクトはよく遅れ、ニュースでは売れないソフトウェアについてよく取り上げられていた。Standish Groupが発行した今では悪名高い「カオスレポート」という調査によると、84%のプロジェクトは失敗に終わるか予算をオーバーするとされていた[1]。そんなこと言われるまでもなくプロジェクトに関わる者は皆その事実に気づいていた。

カオスレポートには、「大抵の機能は、ほとんど使われないか、まったく使われない」とも書かれていた。つまり、予測的にソフトウェアを作れないだけではなく、そもそも正しいものを作れていないのだ。「カオスレポート」という名前は、まさにぴったりではないか。

しかしカオスレポートが発表されて以降、多くの変化もあった。アジャイル開発はソフトウェア開発の手法として主流になった。小さな単位に作業を区切るアジャイル開発のおかげで、きちんと動くソフトウェアのリリースが予測可能なものになった。こうした開発手法は、ソフトウェアプロジェクトの成功率を大幅に向上させ、それはこのパンデミックの中でさえも例外ではなかった。

ソフトウェア開発におけるもう１つの課題は流通であった。かつてソフトウェアを物理的な媒体で出荷したり（CDを覚えているだろうか）、インフラを自分たちで構築して管理していた時代があったことを、今ではもう想像できないだろう。インフラの構築は作業が辛い上にコストもかかった。しかもそれを24時間365日稼働させるために人員を配置しなければならない。しかし、Amazon Web Services（AWS）、Google Cloud Platform（GCP）、Microsoft Azureなどのクラウドサービスの登場が、こうした状況を抜本的

1　"CHAOS Report," Standish Group International, 2015

本書への推薦の言葉

トッドは、ソフトウェア開発の経験から得た深いインサイトと、モダンなテクノロジー企業の豊富な事例を組み合わせることで、デジタルファーストの世界でソフトウェアを開発するすべての人のためのプレイブックを作り上げた。本書は、プロダクトマネジメントのベストプラクティスにとどまらず、組織全体がプロダクトを中心にして結集し、顧客に最高の体験を提供するという、新しいビジネスのあり方にスポットライトを当てている。

——ニール・イヤール
ベストセラー『Hooked』『Indistractable』の著者

無限の選択肢があるこの世界において顧客がもっとも関心を寄せるのは、望む成果を達成できることと、その過程における体験が良いことだ。本書では、最高の顧客体験を提供するだけでなく、組織全体を変革するようなプロダクトを構築する方法を紹介している。

——デビッド・キャンセル
Drift 創業者兼CEO

本書は、現在そして未来において価値のあるソフトウェア企業を生み出す方法を、実践的に理解したい人のための必読書だ。自分の仕事が会社の目的とどのように結びついているのか、あるいは結びつくべきなのかを理解したいプロダクトマネージャーやプロダクトリーダーも、本書を見逃さないでほしい。

——オジ・ウデズエ
Calendly プロダクト担当VP
元Atlassianコミュニティグループ プロダクト責任者

本書には、あなたやあなたの会社がプロダクト主導型になるための素晴らしいアドバイスが満載だ。

——ダン・オルセン
『The Lean Product Playbook』著者

に変えた。開発者は、ソフトウェアの開発、テスト、デプロイを数分で行えるようになり、また必要最小限の労力でソフトウェアを世界中に配布できるようになったのだ。

今ではソフトウェアの構築と流通が予測可能となった。しかし、第一に考えるべき「正しいものを作る」という点はどうだろうか？　実はこの領域において、私たちに取り組むべきことがまだたくさんある。

カオスレポートの精神を受け継ぎ、私の企業であるPendo[2]では、ソフトウェアのうち使われているのはたった12%しかない、という独自のレポートを発表した。この調査を基にすると、約295億ドルが使われていない機能に投資された計算になる。これは上場企業のクラウドプロジェクトに投資された金額であり、ここに非上場企業がクラウド上で構築したソフトウェアを含めれば、この数字はさらに大きくなるだろう。こうしたことに比べれば、カオスレポートが示した数字は大したことがないように思える。私たちは「納期までにソフトウェアをリリースする」という点では大きな進歩を遂げているが、そもそも「何を作るのか」を決断する点では、全然うまくいっていないのである。

私は、ソフトウェア開発者としての長いキャリアの後、最終的にプロダクトマネジメントに携わるようになり、私のフォーカスする課題が変わった。それは、ソフトウェアをいかにして期限内、予算内、適切な品質基準で提供するかという達成しやすい課題へのフォーカスから、顧客にとって適切なものを作るという達成し難い課題へのフォーカスの変化だ。そして実際に後者に取り組んでみると、いかにこの課題が手付かずであるかがわかった。

アジャイルコミュニティでは、プロダクトオーナー（プロダクトマネジャーの別名）の役割を、シンプルに「オンサイト顧客（現場にいる顧客）」と表現している。別の言い方をすると、プロダクトマネジャーの仕事は、顧客、社内関係者、市場からのインプットを統合し、作るべきもののロードマップを作成することだ。プロダクトマネジャーは、エンジニアリングと営業の交差する場所に位置し、その両方に対して大きな影響力を持っている。

私は経験上、プロダクトに関わる人々は、地球上でも稀有なほど情熱的で

2　https://www.pendo.io/

共感的な人々であると感じている。彼らは普通の人とは少し違った思考を持っていて、何かを作り、作ったものをより良くすることに夢中になる、強い意欲にあふれている。多くの人がこの役割に惹きつけられる理由は、「ここはとても情熱的に物事に取り組んでいる人たちのコミュニティだ」といった感覚があるからかもしれない。

彼らのこうした情熱こそ、すべての機能、すべてのプロダクトが、顧客の仕事や生活の一部を大きく改善するという命題に根ざしていることの裏付けだ。ほとんどすべてのプロダクトチームがそのために立ち上がっている。しかし、最初はエンドユーザーに必ずや良い影響を与えるような明確なアイデアだったにもかかわらず、いざリリースする際には、複雑でわかりにくいものになってしまうのである。

アジャイルソフトウェア開発は、動くソフトウェアのリリースを早めることに役立っている。より速く、より頻繁なリリースにより、開発部門は「速さとアウトプット」に自然と注力せざるを得なくなる。DevOpsは、こうした生産性の向上を開発プロセスの下流にまで広げ、動くソフトウェアを本番適用する際の妨げとなる開発／運用上のボトルネックを解消した。その結果、さらに頻繁で継続的なリリースが可能になったのだ。

これらのおかげで、イノベーションのペースが加速しており、顧客にとっても良いことづくめだと思うだろう。ある意味で、顧客の生活の質は間違いなく向上している。企業は顧客が必要とする機能を、従来よりもずっと早く提供している。しかし、それは同時に顧客が「機能の激流」に飲まれてしまう可能性があるとも言えるのだ。

これは、気が散るものだらけの現代の産物の１つとも言える。たとえば今この文章を読んでいるあなたのスマートフォンがどこに置いてあるかを考えてみて欲しい。私と同じように、ポケットの中や膝の上、あるいはサイドテーブルの上に置いているだろうか。いずれにせよ、手の届かないところに置くことはないだろうし、もはやスマホのことを考えていないときはないかもしれない。普段の私たちの注意力がこの程度のものなのだから、とめどなくリリースされる新機能についていけないのも当然だ。

先述のとおり、Pendoで機能の定着状況を調査したところ、大多数の機能がほとんど使われていないかまったく使われていないことがわかった。それはなぜだろうか？　多くの場合、新機能は森の中で倒れる木と似ている。誰もその音を聞いていないのだ。他の優先事項や目まぐるしい環境に紛れて見過ごされるのである。あるいは機能、規模、またはユーザー体験において何らかの欠陥があり、ユーザーが使いたいと思わない、というパターンもある。

だからこそ、ユーザーを惹きつけることは、コードをリリースするのと同じくらい重要なのだ。プロダクトや機能のローンチは単なる始まりにすぎない。最初に考えていた価値を、ユーザーが確実に享受できるようにする必要がある。そのためには、ユーザーがプロダクトを利用する際のシナリオの中で、適切なタイミングで的を絞ったアプローチをする必要がある。そして、顧客の課題と解決策が完全にマッチする状態に少しでも近づけるために、このような手法を利用しながら、顧客に耳を傾け、学ぶことが大切だ。

プロダクトマネジャーの出現

プロダクトマネジメントは最近、テクノロジー業界で最もホットな役割の１つとして話題になっている。起業家でベンチャーキャピタリストのベン・ホロウィッツは、彼のブログ記事（著書『HARD THINGS』[3]にも含まれている）の中で、優れたプロダクトマネジャーは、実質的にプロダクトのCEOであると述べた。何ともかっこよく聞こえる。他の人もそう思っているようで、U.S. News and World Report誌は最近、プロダクトマネジャーを「MBAの学生が注目すべき仕事」のトップ５に選んだ。実際、MBAを取得した卒業生が、ヘッジファンドや投資銀行には行かず、シリコンバレーにあるクラウドベースのSaaS（Software as a Service）企業で、プロダクトマネジメントの役割を担うことも珍しくない。ソフトウェア企業50社を所有し、全世界で65,000人以上の従業員を擁するプライベート・エクイティ・ファーム、Vista Equity Partnersの創業者であり会長兼CEOのロバート・F・スミ

3　『HARD THINGS』（ベン・ホロウィッツ 著、小澤隆生 序文、滑川海彦・高橋信夫 訳、日経BP、2015年）

スは、PC Magazine誌のインタビューで、ソフトウェアを「過去50年間に私たちのビジネスにもたらされた道具の中で、最も生産的なものだ」と表現した。しかし、私たちが目の当たりにしている急激な変化は、ソフトウェア企業だけにはとどまらない。著名なベンチャーキャピタリストであるマーク・アンドリーセンが予見したように、「ソフトウェアが世界を飲み込んでいる」[4]のであり、プロダクトマネジメントはありとあらゆる産業の未来の起業家、CEO、そして投資家を育てる場とみなされている。

「正しいもの」を作る、つまり顧客に確実に価値をもたらすものを作る難しさは、それが一度やれば終わりではない点にある。作るべきものを選んで、作る、というような単純なものではない。プロダクトに終わりはなく、進化し続けるものなのだ。これは同時に、プロダクトマネジャーも進化し続けなければならないことを意味する。

そのためには、新たなスキルやツールそして習慣、つまり新しい考え方が必要になる。その考え方とは、プロダクトを単なる売り物とみなすのではなく、戦略上の打ち手の中でも最も重要な資産とみなす考え方だ。プロダクトを最初にリリースすること以上に、その後の段階に重点を置く考え方でもある。また、徹底的にデータドリブンな考え方でもある。継続的にデータを計測し、そのインサイトから、ユーザーにより多くの価値に気づいてもらい、同様にプロダクト自体もより良いものにするのだ。優れたプロダクトマネジャーはこうしたことを理解している。スティーブ・ブランクの『アントレプレナーの教科書』[5]や、エリック・リースの『リーン・スタートアップ』[6]などの書籍のおかげで、何を作るかを決めて、顧客に永続的な価値を生み出すために反復する、新しい戦略が普及した。今や「データインフォームド[7]」は、ほぼすべてのビジネスの領域で枕詞になっており、プロダクトマネジメントにおいても同様である。毎年、Pendoがプロダクトマネジャーを対象に行っ

4　Marc Andreessen, "Why Software Is Eating The World" The Wall Street Journal, August 20, 2011

5　『アントレプレナーの教科書』（スティーブン G ブランク 著、堤孝志・渡邊哲 訳、翔泳社、2016年）

6　『リーン・スタートアップ』（エリック リース 著、井口耕二 訳、伊藤穣一 解説、日経BP、2012年）

7　訳注：意思決定においてデータを参考にしつつ、最終的にはその他の定性情報も含めて総合的に判断を行うデータ活用のアプローチ。なお、それに対して類似の概念の「データドリブン」は、データを最優先にして意思決定をするという点で違いがある。

ている調査のデータからは、プロダクトマネジャーが、膨大な顧客データと市場のインサイトにますます依存していることが読み取れる。直感よりもデータに頼るようになっているのだ。

プロダクトマネジャーの仕事に終わりはない。機能をリリースしたからといって終わりではないのだ。プロダクトのリリースができたからといって、その都度ケーキやピザでお祝いすることはもうなくなった。顧客がプロダクトの価値を十分に理解し、顧客のニーズにプロダクトが完璧にマッチしたときこそが成功と言えるのだ。

多くの企業では、ビジネスモデルや市場参入戦略（Go To Market）がプロダクト主導型（Product-led）になりつつある。これはどういうことだろうか？それは、プロダクト自体が、顧客の購買行動における最初の「モーメント・オブ・トゥルース（真実の瞬間）[8]」になると言うことだ。つまりプロダクトのトライアルが顧客の第一印象を形成する。これはプロダクトとプロダクトが生み出すソーシャルプルーフ[9]が、営業やマーケティング組織から主導権を奪いとっていることを意味する。積極的な営業やマーケティング戦術は二の次になるのだ。

これらを実現するためには、データから情報を得たり、触発されながらデジタルプロダクトを開発する必要がある。データに頼るといっても、自動化できないものまで自動化すると言っているわけではない。プロダクトマネジャーの仕事を奪いにくるロボット軍団は存在していないので、安心してほしい。私が言いたいのは、より良い意思決定を行い、より良いプロダクトを作り、そしてより良い体験をもたらすために、データを活用し情報とインスピレーションを得るということだ。さらに言えば、どのようなビジネスであっても収益性の高い成長を実現するためにプロダクトを活用すべきだ。それは顧客にとってなくてはならないソフトウェアを設計、構築、進化させる人を支援するためにデータを活用するということである。これこそが、プロダクト主導型になるための根本なのだ。

8　訳注：マーケティング用語で、消費者がサービスに触れた際に、その質を判断するような決定的な印象が形成される瞬間のこと。

9　訳注：社会心理学の用語で、大多数がある選択肢を選んでいると、その選択肢が正しいと思い込む傾向のこと。

プロダクト主導型の戦略

Apple、Netflix、Peloton、Amazonといった企業の成功を取り上げたニュースを目にしない日はないだろう。これらの企業はそれぞれの方法で、顧客の心（と財布）を掴んでいる。一方でこれらの企業には共通点もある。すべてプロダクト主導型組織なのだ。

つまらない仕事を黙々とこなすように、プロダクトマネジャーが機能をチェックするだけの時代は終わった。現代のプロダクトリーダーは、プロダクトジャーニーのあらゆる段階で、価値の高い体験をもたらすことにこだわるのだ。マーケティング担当とチームを組み、プロダクト自体が顧客獲得ツールとなるにはどうすべきかを考える。トライアル顧客のコンバージョン（転換）[10]率を最大化するために営業担当と連携する。カスタマーサクセス担当とペアを組み、アプリ内ガイドとアプリ内から得られるインサイトの好循環を作り出そうとする。別の言葉で言えば、プロダクトは現代的な企業の構造に編み込まれている。このような組織を「プロダクト主導型」と呼ぶ。

プロダクト主導型組織は、あらゆる営みのど真ん中にプロダクト体験を据える。そのため、すべての部門が狂気じみたようにプロダクトに集中する。ユーザーがプロダクトをどのように使うのか、どのように感じるのか、プロダクトをどのように最適化すれば顧客との接点のすべてを最大限に有益なものにできるのかを考える。プロダクト主導型組織では、日々進化するユーザーニーズを見越し、シンプルで直感的な、楽しめるプロダクトを通じてそうしたニーズに応えることが最も重要だ。最終的にプロダクトは、顧客を獲得し維持し、成長を促進し、組織の優先事項へ影響を与える媒体となる。**プロダクトはただの顧客体験の一部分ではなく、体験そのものなのだ。**企業の営みは、すべてプロダクトにつながるべきだ。つまり、営業、マーケティング、教育、サービス、サポートは、プロダクトの中で１つにまとまるべきだ。プ

10　訳注：広義には、ユーザーが何らかの行動喚起に反応して、行動を起こしたり状態が変わることを指す。プロダクトへの登録、購買契約など。第１章や第５章にて詳しく取り扱われる。

ロダクトが顧客体験の中心となるべきなのだ。

しかし、愛されるプロダクトを作ることだけが、プロダクト主導型の戦略を採用するメリットではない。プロダクトを中心にして企業を抜本的に再編成することで、コミュニケーションが活発になる。顧客との距離が縮まり、プロダクトチームと市場開拓チームのコラボレーションが増すのだ。それは、成功に対して共通の認識があり、その成功に到達するための共通のモノがあるからだ。

本書は、皆さんのプロダクト主導型への旅に役に立ててもらうことを意図している。以降、組織を変革し、成長を促進し、自身のキャリアを向上させるための方法を紹介する。

プロダクト主導型企業の台頭

プロダクト主導型の戦略は、昔から広く使われていたわけではない。その一例を紹介しよう。私が、Pendoを立ち上げる前に働いていた企業は、今では大成功を収めているエンタープライズソフトウェア企業であるAtlassianと競合していた。その時に、プロダクト主導型ビジネスの威力を身をもって体験した。Atlassianは、営業チームを必要とせずにビジネスを成長させている事実をアピールしていたのだ。2015年にAtlassianが株式を公開した時点では、営業とマーケティング費用は、売上高のわずか19%だったと言われている。これは同種の企業の数分の１だ[11]。その成功の秘密は、優れたプロダクトを手頃な価格で提供していることだった。Atlassianの社長であるジェイ・サイモンズは、「フライホイール[12]は、顧客にとって意義ある問題を解決する優れたプロダクトから始まる。そして、私たちは顧客の通る道にある摩擦[13]をできる限り取り除くようにしている」と述べた。

11 Geoffrey Keating, “How Atlassian built a $20 billion company with a unique sales model,” Intercom, March 21, 2019; https://www.intercom.com/blog/podcasts/scale-how-atlassian-built-a-20-billion-dollar-company-with-no-sales-team/

12 訳注：弾み車。ビジネスの成長サイクルを持続させる戦略の比喩に用いられる。ジェフ・ベゾスによるAmazon社のフライホイール効果を表す図が有名。

かつて、プロダクトの欠点は、マーケティングキャンペーンで隠すことができた。しかし、既存ユーザーの成功と成果を確かなものにすることよりも新規顧客の獲得を優先してしまうと、後悔することになる。顧客の高いロイヤルティがあるからこそ、プロダクト主導型企業の永続性は高いのだ。理由をいくつか紹介しよう。

1. データの揺るぎない影響力

1994年、Businessweek誌に、「顧客の商品購入の可能性を予測するためにデータを処理し、そこで得られた情報を使い、商品を買ってもらえるように最適に調整したマーケティングメッセージを作る」[14]という目的のために企業がデータを収集している、という記事が掲載された。また、ほとんどの企業が収集したデータに圧倒されて、有効に活用できていない、ともあった。その頃から、私たちは長い道を歩んできた。今では、BtoCのプロダクトであれ、BtoBのプロダクトであれ、大量の利用情報を収集・分析し、プロダクト体験の定期的なアップデートに活かすのが普通になっている。その結果、ユーザーからすると、ソフトウェアの絶え間のない改良が当たり前になった。オンラインバンキング、フードデリバリーアプリ、業務用ソフトウェアのいずれであろうが、すべてのプロダクトにユーザーはこれまで以上の期待をしているのだ。この現象はコンシューマライゼーション[15]と呼ばれ、ソフトウェアの設計を大きく変えた。

2. 過密する市場

SaaSやクラウドが登場する前は、プロダクトを作って市場に出すためには、多大な投資とリソースが必要だった。これが、新しいプロダクトの供給における制約となっていた。しかし今は違う。AWSのようなサービスによって

13　訳注：UXデザインにおいて、ユーザー対して認知的な負荷をかけること全般を指す言葉。「フリクション」とも呼ばれる。第8章で詳しく取り扱われる。

14　Jonathan Berry, "Database Marketing," BusinessWeek, September 5, 1994

15　訳注：消費者向けの領域で普及が進んだ考え方や技術、ソフトウェアなどが、その後、企業向けの分野で取り込まれる現象のこと。

技術的な参入障壁が低くなり、また並行して、ベンチャー企業への投資の急増が、プロダクトの市場開拓を支えている。その結果、ほぼすべてのソフトウェアカテゴリーで過密な状態が生じている。新しいアイデアや優れた技術、人目を引くマーケティングがあるからといって、競合他社には勝てる訳ではない。その代わりに、顧客に愛されるプロダクトジャーニーを提供することが、プロダクトを繁栄させる現代的な方法だ。

3. 購買者行動の変化

かつて、ソフトウェアの購買は、CIO（最高情報責任者）やCTO（最高技術責任者）、IT部門が主導していた。しかし、フリーミアムのような新しい低コストのビジネスモデルのおかげで、それはもはや過去の話になった。今後数年のうちに、ソフトウェアの購買の47％が、IT部門以外で行われるようになる見込みだ[16]。また、OpenView Venturesのブレーク・バートレットは、「ソフトウェアは予告なく職場に現れる」と述べている[17]。このような、ソフトウェアの購買・利用における決定者の変化は、企業に広い影響を与える。つまり、ユーザーのプロダクトの見つけ方や利用の開始をコントロールすることはもはや不可能なのだ。これまでの責務を変化させ、プロダクトに優れたユーザー体験を作り込み、さらにコンバージョン、顧客維持、クロスセルの機会も促進しなければならない。別の言い方をすれば、プロダクト自体を、購買者とのコミュニケーション手段にする必要があるのだ。

4. 記録システム（SoR）の出現

プロダクト部門を除くすべての部門は、長い間、独自の「記録システム（System of Record, SoR）」を利用してきた。これは、それぞれのチームが自分たちの仕事を遂行したり、仕事の影響を追跡するのに役立つ、土台となるソリューションだ。営業チームは、顧客獲得の目標を持ち、CRMソフト

---

16 IDC Worldwide Semiannual IT Spending Guide: Line of Business, 2016

17 Blake Bartlett, “What is Product Led Growth? How to Build a Software Company in the End User Era,” OpenView Partners, August 6, 2019; https://openviewpartners.com/blog/what-is-product-led-growth/

ウェアを使う。マーケティング部門にはリード（新規見込み顧客）獲得のノルマがあり、さまざまなオートメーションツールを使う。一方でプロダクトチームは、これまで直感に頼るしかなかった。

しかし、この状況は変わりつつある。ユーザー分析、アプリ内ガイド、パーソナライゼーション、顧客フィードバックなどの要素で構成される、プロダクトチームのためのSoRが登場し始めているのだ。こうしたシステムのデータは、他の企業内のデータと一緒に保管され、営業、マーケティング、財務のデータとともに可視化されるようになった。そしてその有用性から、プロダクトチームの価値が高まり、役員レベルでのリーダシップを発揮するまでに至っている。

なぜプロダクト主導型になるのか？

よくある間違いとして、プロダクト主導型企業と、「プロダクト主導型成長」（PLG, Product-led Growth）の混同がある。PLGは、実際にはプロダクト主導型組織になったことによる副産物に過ぎない。PLGとは、見込み顧客のコンバージョン、ユーザーの維持、顧客の拡大のために、プロダクト（およびプロダクトデータ）を活用する方法だ。しかし、プロダクト主導型企業になることは、単にプロダクトの作り方を変えることではない。プロダクトジャーニーを根本的に考え直すのだ。それは、プロダクトを単なる売りものとみなす考え方から、プロダクトはユーザーにとって最初のモーメント・オブ・トゥルースであるという考え方に変えることだ。しかし、この変化を成功させるには、組織全体を変革する必要がある。プロダクト主導型になることで期待できる効果は以下の通りである。

より柔軟で変化に強い

多くの組織は「自分たちは柔軟だ」と言う。しかし、いざ顧客を十分に惹きつけるプロダクト体験を構築するとなると、いまだに柔軟性のないロードマップに固執してしまう。いくつかの四半期を見通したプロダクト戦略を計画することは前向きで積極的なことのように感じられるかもしれないが、ユーザーのニーズが変化したらどうなるだろうか？

プロダクト主導型組織は、変化に応じてロードマップを書き換える。これは過去からの変化そのものだ。今の時代のプロダクト主導型アプローチでは、すでに分かっている要件に基づいて作業するのではなく、終わりのない実験の繰り返しが必要である。なぜならプロダクトの意思決定は、自分たちが重要だと感じることに基づいてはならず、むしろユーザーの行動、感情（センチメント）、直接のフィードバックから、重要だと導かれるものに基づくべきだからだ。こういったデータは、プロダクトが提供している価値が何であり、さらにはどこで価値が不足しているか、はっきりと示してくれる。また、プロダクト主導型チームは、ロードマップの途中でインプットを求め、ユーザーの要望のパターンを探る。プロダクト主導型のロードマップは柔軟だ。顧客に適応し、顧客の明示的なニーズと暗黙的なニーズの両方を拾い上げ、顧客の求めるものを確実にプロダクトで提供できるようにする。

より早いイノベーション

多くの企業は、カスタマーサポートに多額の投資をすれば、顧客のニーズをすべて満たせると考えている。しかし、どんなに優れたカスタマーサポートであっても、そのほとんどはリアクティブ（受動的）なものであり、その時点で手遅れということになる。一方、プロダクト主導型組織では、サポート依頼の先手を打ち、よりプロアクティブ（能動的）なアプローチをとる。あるレポートによると、消費者の55%は、確実に良い体験が得られることに対してより多くのお金を払う意思があり、さらには期待を超えるような体験に対しては、86%がより多くのお金を払いたいと思っているという[18]。

つまり、プロダクト主導型企業では、顧客が問題に直面してしまってから対応するのではなく、利用状況のデータをもとに、ユーザーがプロダクトジャーニーのどの部分で行き詰まる可能性が高いかを予測する。この視野の広がりによってプロダクト主導型組織では、プロダクトの設計を反復しながら行ったり、カスタマーサクセスチームが顧客を顧客自身の目的に導くように

18 “50 Important Customer Experience Stats for Business Leaders,” Huffington Post

なる。真に変化に強いとは、こうしたことだ。

より大きな価値提供

顧客に価値をもたらすことが、プロダクトの核心だ。従来は、価値の定量化が難しかったため、プロダクトリーダーはリリースした機能数などを報告に利用してきた。しかし、リリースする機能数を優先してしまうと、プロダクトの複雑化や肥大化などの予期せぬ結果を招き、ユーザーに摩擦を与えてしまう。

一方、プロダクト主導型の戦略では、プロダクトジャーニーの各ステップに沿って組織を方向づける。これは、プロダクトの健全性を示す指標（機能の定着率、利用の広さと深さ、粘着度、顧客満足度など）を中心に据え、研究開発、営業、マーケティング、カスタマーサクセスを一体化することで行われる。ここに、前述したプロダクト主導型組織の柔軟性と変化への強さが加えれば、顧客にすぐに、そして永続的に価値をもたらすことができる。

デジタルアダプションによる収益と顧客維持の向上

従来型の組織では、見込み顧客をユーザーに変え、ユーザーを収益性の高い顧客にコンバージョンするのに、多大な時間と費用がかかる。プロダクト主導型企業では、顧客維持に着目してこのプロセスを効率化するのだ。

プロダクト主導型の戦略では、営業チームやマーケティングチームの交渉力だけを成長の頼みの綱にはせず、プロダクトそのものを成長の原動力とする。プロダクト主導型の成長では、口コミによる露出の促進、トライアルユーザーの獲得、有料化への動線など、すべてをプロダクト内で完結させるため、非常に効率的になる。結果として、プロダクト主導型企業は財務的にも素晴らしい結果をもたらす。ある調査によると、業界内で最高レベルのプロダクト体験と顧客体験のマネジメントが実践できている企業は、前年比での利益率が、同業他社と比較して527％上回っている[19]。

19　Aberdeen and SAP

効率的な拡大

プロダクトが最先端の技術を使って作られているかは、必ずしも重要ではない。世界初の機能を搭載しているか、速いか、安いかも同様に必ずしも重要ではない。重要なのは、そのプロダクトが実際に存在する課題を解決することである。そして、ユーザーが楽しめる方法で実現することだ。これが、プロダクト主導型アプローチの最も重要かつ累積的な利点となる。プロダクトを単なる売り物としてではなく、顧客の生活をより良くする手段とみなすように、組織を変革していくのだ。

このミッションを成功させるには、より柔軟で変化に強く、コミュニケーションが豊富で、常に価値をもたらし続けることに執着する組織を形成する必要がある。プロダクト主導型への変化は、究極的には戦略に対する野心的な考え方、アプローチであり、それが利益をもたらす。つまり、顧客が望んでいる体験に加えて、顧客がまだ見出していないことすらも提供することだ。

プロダクト主導型企業の特徴

プロダクト主導型への変化のプロセスは、組織のあらゆる部門が関わる継続的なプロセスになる。その変化に向けて、具現化すべき５つの鍵となる特徴を紹介する。

プロダクトに地位を与える

プロダクトチームに、単に影響力があるだけでは不十分だ。プロダクトチームは、企業のロードマップを推進し、ビジネス戦略を策定し、将来の目標を設定する正式な権限を持つべきである。これを実現する効果的な方法は、「プロダクト」にしかるべき地位を与えることだ。最高製品責任者（Chief Product Officer, CPO）を置くことで、価値あるプロダクト体験を生み出すことがビジネスの中心的な関心事であり優先事項であることを、組織の中で示すことができるだろう。

データインフォームドである

かつてプロダクトチームは、直感と専門知識だけを頼りにせざるをえなかった。しかし、プロダクト主導型になるためには、企業は限りなく顧客との距離を縮めなければならない。つまり、プロダクトチームはデータに執着すべきだ。さらに言えば、データに基づいてプロダクトに変更を加える意思を持ち、データがないときには実験を行いデータを収集する必要がある。

共感的である

プロダクト主導型組織は、顧客やユーザーとの深いつながりを熱望する。顧客の問題を理解しようと試み、顧客の望みを先取りしようと奮闘する。

協調的である

プロダクト主導型の戦略は、１人の人間や１つのチームが担当するものではない。オープンなコミュニケーションと緊密なコラボレーションによる、組織全体での取り組みだ。企業全体で、各チームがお互いに橋渡しができる機会や、プロダクトに貢献できる機会を探すべきである。まずは、プロダクトチームとカスタマーサクセスチームなどの市場開拓チームを緊密に連携させ、自分たちが作っているものと顧客が求めるものの間のギャップを少なくしていこう。

プロダクトこそが顧客体験である

プロダクト主導型企業は、重要なことに気づかなければならない。プロダクトは顧客体験の一部分ではなく、顧客体験そのものである、ということだ。そのために組織で行うすべての営みを、プロダクトにつなげる。営業、マーケティング、サービス、サポート、そして教育は、プロダクトの表面的な部分においても、ユーザー体験の奥底においても、1つにまとまらなければならない。プロダクト自体が、ユーザーに価値を伝え、教育とサポートを提供する。言い換えれば、これまでプロダクトの外で行われていた顧客への販売や教育などの取り組みが、プロダクトの中にあるユーザー体験の一部になるのだ。**顧客体験とプロダクト体験が区別されなくなるべきなのだ。**

プロダクト主導型企業におけるチームコラボレーション

ユーザーへのプロダクト主導型体験の提供は、共通のデータ、共通の言語、そして共通の成功の定義から始まる。つまり、プロダクト主導型組織は、組織内コラボレーションに関して一歩先を行っている。結局のところ、データ、言語、ゴールを統一できるものは、自社プロダクト以外ないのだ。

これがプロダクト主導型アプローチの本質だ。プロダクトをビジネスの中心に据えることで、分断していた各チームのコラボレーションが促進される。各チームの目標は、プロダクトが顧客にもビジネスにも最大の価値をもたらしているかを確かめるものになり、それぞれ相互補完的なKPIとして表現されるだろう。

例えば、従来型の企業では、カスタマーサクセス部門とエンジニアリング部門を分けており、この２つの部門にはほとんど重なりがないと考えているかもしれない。しかし、プロダクト主導型組織では、この２つの部門はプロダクト体験を成功させるための両輪であると考える。顧客に最も近いチームであるカスタマーサクセスチームは、短期的なニーズと長期的なニーズの両方を把握し、エンジニアリングチームがスケーラブルなプロダクトを作り出すのを手助けする。エンジニアリングチームは、カスタマーサクセスチームにバグ修正の情報を常に共有し、顧客の技術的な課題を解決する手助けする。また、プロダクトと機能の全容をより理解できるような手助けもする。

同様の機会はすべてのチームにある。プロダクト主導型の戦略では、プロダクトという共通項でそれぞれのチームを結びつけ、部門を越えたコラボレーションを従来より深いレベルで促進する。これにより、縦割りが取り除かれ、企業と顧客の両方に思いがけない利益をもたらす。プロダクト主導型の戦略を採用すると、組織内の各チームの機能が根本的に変わる。プロダクト主導型アプローチが、それぞれの役割にどのような影響を与えるかを知ることは、変革を成功させる鍵となるだろう。

ここからは、プロダクト主導型になることで、カスタマーサクセス、マーケティング、エンジニアリングの各チームにどのような影響があるかを説明する。

カスタマーサクセス

サブスクリプションエコノミーの台頭により、顧客は、ベンダーの変更や契約の取り消しがこれまでより容易になった。このため、顧客維持が成長に不可欠な要素となってきている。そして、成長は継続的な価値をもたらすプロダクトから始まるため、競争力の維持は、効果的で変化に強いカスタマーサクセスチームにますます依存するようになっている。

カスタマーサクセスはプロダクト主導型組織の目であり、耳であり、心でもある。カスタマーサクセスチームは、最前線で顧客に目を光らせ、耳を傾け、顧客が価値を見出すのを支援する。プロダクト主導型の戦略は、顧客との継続的な対話に根ざしているため、カスタマーサクセスチームは直感や体験談に頼る必要はない。顧客の健全度や幸福度を事実となるデータで計測・監視し、顧客のニーズを企業全体に伝えられるのだ。

さらに、プロダクト主導型のカスタマーサクセスチームは、企業と顧客の間に緊密なパートナーシップを築く。カスタマージャーニーのすべての段階で顧客と相対するのだ。それは顧客との最初のやりとりから始まり、顧客との関係の限り続く。そうすることで、このチームは顧客の最前線に位置するだけでなく、プロダクトのフィードバックサイクルの中心にも位置することになる。このチームは、定量的な利用状況データに加えて、顧客のフィードバックや体験談など、プロダクトの改善プロセスに重要な情報を提供する。これにより、カスタマーサクセス、プロダクト、その他すべてのチームの連携が強化され、企業全体が整合するのだ。

マーケティング

かつては、印象の薄いプロダクトであっても、人を惹きつけるような宣伝活動でごまかしがきいた。しかし、今は違う。ソーシャルメディアやユーザー生成コンテンツ、情報へのアクセスのしやすさにより、局面が変わった。ユーザーは情報通になり、顧客はあなたの言うことを鵜呑みにしない。顧客は、営業活動よりも確固たる証拠を求めている。そのため、プロダクト自体が、営業やマーケティングツールとしての役割も果たす必要がある。

プロダクト主導型組織は、プロダクトを主役として舞台に立たせるのだ。顧客に必要とされ、かつ愛されるプロダクトを作ることにこだわり、無料かつセルフサービスのトライアルを提供することで、プロダクトそれ自体を営業の媒体にする。さらに、顧客にプロダクトを案内したり、利用の習慣化を促すような、プロダクト内ガイドやプロダクト内コミュニケーションを通じて、プロダクトの体験をさらに向上できる。そうすることで、顧客はプロダクトから得られる自分たちにとっての価値を、顧客自身が思い通りに発見できるのだ。

プロダクト自身がプロダクトの営業をしているのであれば、プロダクト主導型マーケターは何をするのだろう？　観察し、学習し、利用とコンバージョンを促進する鍵となるポイントを特定するのだ。そして、そのインサイトをもとにプロダクト内でのメッセージと戦略を改善する。例えば、新規ユーザー用のオンボーディング体験を改善したり、数日後にプロダクトに戻ってきてもらえるようにしたりするのだ。顧客がプロダクトに夢中になっているようであれば、利用状況や感情を調べ、プロダクトのパワーユーザーや潜在的なアドボケイト[20]を見つけ出そう。そうすれば、顧客自身がメガホンとなり、マーケターに代わってプロダクトを宣伝してくれるようになる。プロダクトの成長がプロダクト体験の自然な一部分となるのだ。

エンジニアリング

新機能のリリースは、エンジニアリングチームにとってブラックホールのように感じられるだろう。ユーザーはどのくらい新機能に定着したのか？どのくらい便利なのか？　こう言った質問に答えられず悔しい思いをすることも多いが、プロダクト主導型組織においてはそうではない。利用状況を継続的に計測し、顧客と対話することで、エンジニアリングチームは自分たち

20　訳注：プロダクトを気に入った結果、プロダクトを積極的に他者に紹介し、良い評判を広げてくれるようなユーザーのこと。第5章で詳しく取り扱われる。

の努力がどのように報われているかを簡単に知ることができる。

上記のような質問に対する答えには、単に好奇心を満たす以上の実用性がある。プロダクトが成熟し、機能が充実してくると、メンテナンスのコストと複雑さは飛躍的に増大する。プロダクトの利用状況を把握すれば、エンジニアリングチームは、統合できる機能や、廃止できる機能が特定しやすくなる。また、未解決のバグが増えてきているなら、利用状況、感情、収益への影響の把握は、開発チームやQA（品質保証）チームがバグ修正の優先順位を決めるのに役立つだろう。そうすれば、開発チームやQAチームは、顧客とビジネスの両方の成果に最も寄与する部分に時間を費やせる。

プロダクト主導型組織は、新機能の展開方法においてもデータドリブンである。エンジニアリングチームは、まず、機能フラグやA/Bテストなどを用いて、コントロールされたリリースを行う。機能を広くリリースする前に、限定したセグメントのユーザーにおける浸透度や感情を評価するのだ。また、新機能を継続的にデプロイするアジャイルやDevOps（デブオプス：開発オペレーション）のアプローチを活用する。プロダクトチームやカスタマーサクセスチームと緊密に連携し、機能の変更のたびに顧客が価値を見出すことができるような、プロダクト内の仕組みを開発する。

誰が本書を読むべきか

プロダクト主導型は一夜にしてなるものではない。意思、実践、継続的な調整が必要になる。目的地というよりも、意図的に維持すべき状態のことなのだ。

しかし、抽象的な目標だと言うつもりもない。単にプロダクトを改善しようとか、市場のリーダーになろうとか、そういう曖昧なものではない。一連の実践、行動、KPI、ソリューションを導入するのだ。それにより成長、顧客維持、拡大のエンジンであるプロダクトに組織の全員が集中できるようになる。そのプロセスは企業や業界によって異なるかもしれないが、本書では、すべての組織のプロダクト主導型への道のりを支援する実用的なインサイトを提供しようと思う。

プロダクトマネジメントやソフトウェア開発に関する書籍は数多くあるが、プロダクト主導型組織を構築するという、ますます求められている運営上の課題を解決するコンテンツはほとんどない。本書から価値を得るためにプロダクトマネジメントの経験は必要ないが、興味は持ってほしい。本書は、プロダクトマネジャー（もしくはUXプロフェッショナル）になる方法を教えるものではない。また、データサイエンティストがデータ分析に関する深いアルゴリズムを得られるものでもない。その代わり、本書は、プロダクト組織における計測、フィードバック、継続的な最適化の基礎を確立するため、つまりプロダクト主導型になるための実践的なガイドとなっている。

本書で何を取り扱うか

本書は３つのセクションで構成されている。第１部「データを活用して優れたプロダクトをつくる」では、直感や過去の経験に頼ってプロダクトにおける重大な意思決定をすることがもはやできないことを見ていく。意思決定のためのインスピレーションや情報をデータから得る必要があるのだ。このセクションでは、定量データ、定性データの両方でどのようなものを計測すべきか、またその理由、さらにそのデータをどのようにして実用的なインサイトに変えるかについて取り扱う。

第２部の「プロダクトは顧客体験の中心にある」では、プロダクトを使って顧客の価値を高めるとはどういうことかを説明する。プロダクトを使って潜在的なユーザーの認知を得る方法から、ユーザーを有料顧客に変えるために効果的にプロダクトを活用する方法まで、多岐にわたって取り扱う。プロダクトを顧客体験の中心に据えるならば、プロダクト自体が主導する領域を拡大する必要がある。それはオンボーディングやカスタマーサービス、生涯顧客の獲得につながる価値提案を構築する領域などだ。

本書の最終セクションとなる第３部「プロダクトデリバリーの新たな方法」では、それまでのセクションからの学びをもとにして、顧客が本当に求める機能やプロダクトを特定し、デザインし、デプロイする方法をどのように見極める必要があるかを説明する。また、組織全体や顧客を巻き込むための、プロダクトマネージャーとしての役割やプロダクトロードマップ作りのダイナミックな手法ついても掘り下げる。顧客をプロダクト体験の中心に据えて、成長を促進する旅に出るために。

ここから先は、すぐに行動を起こせるような、具体的な戦略や戦術をたくさん紹介する。しかし、これはプレイブックというよりも、戦術的なガイドと考えてほしい。このガイドが、あなたの参照書籍の1つとなり、ときどき取り出してインスピレーションを得たり、新しいアイデアを実行に移す助けになればと願っている。

あなたが本書を読んでいるということは、私たちは素晴らしいソフトウェアプロダクトを作りたいという情熱を共有しているということだろう。このテーマに関するすべての質問に答えられるとは約束できないが、新しい考え方であなたの努力を前進させる手助けができることを心から願っている。さあ、始めよう。

CONTENTS

PART I

データを活用して優れたプロダクトをつくる

Leveraging Data to Create a Great Product

キャリアの初期の頃に、あるチームと仕事をした時のことだ。そのチームでは9カ月にわたり、厳しい顧客開発プロセスに沿って素晴らしい仕事をした。そのプロダクトをリリースすると、とても好意的な反響があった。顧客の重要な課題を解決したことが、努力の証であった。顧客、営業、アナリストなど、ほとんどの人がこのプロダクトを高く評価した。私はチームを誇りに思い、仕事の内容にも満足していた。しかしわずか半年後、このプロダクトの利用データを見てみると、実際に使っている人がほとんどいないことがわかり愕然とした。さらに悪いことに、トライアルを使ったユーザーの継続状況も悪かった。つまり、このプロダクトは本質的に失敗だったのだ。

この時の驚きと落胆、そして学びは今でも忘れられない。私たちは、明確な定量的指標ではなく裏付けに乏しい根拠に基づいて、早々に勝利を宣言してしまっていた。拍手やファンファーレがあったからといって、プロダクトが素晴らしいとは限らないのだ。使っている尺度が間違っていた。プロダクトが実際にどのような価値をもたらしているかを計測する必要があったのだ。

この学びをもとに、本書の最初のセクションでは、戦略上と運営上の目標、および顧客の目標を達成するために追跡が必要なメトリクスを取り上げる。メトリクスの難しさは、無限に近い可能性の中から選びとらなければならないことにある。正しいメトリクスを選択するには、目標を念頭に置いてから始める必要がある。「Why」のことだ。

CHAPTER 1 終わりを思い描くことから始める

「Why」から始めよ。サイモン・シネックが、彼のベストセラー書籍や有名なTEDトーク『WHYから始めよ！』[21]で広めた素晴らしいアドバイスだ。シネック氏のTEDトークを見たことがない方は、今すぐ本書を置いて視聴すると良いだろう。

故スティーブン・コヴィーの名著『7つの習慣』[22]における第二の原則は、「終わりを思い描くことから始める」である。これは、自分が何を達成したいのかという明確な目標を設定することを指す。そうすることで、成功のイメージを描くことができ、また、成果に対してどこまで到達しているのかも理解できる。

プロダクトマネジャーの仕事の核心は、「Why」を仕事に結びつけることだ。「Why」を表現するのに、シンプルなストーリーや文章を使うのもよいが、個人的にはもう少し構造的で規律立ったものが好きだ。目標設定に関し

---

21 『WHYから始めよ!』（サイモン・シネック著、栗木さつき訳、日本経済新聞出版、2012年）
22 『完訳7つの習慣』（スティーブン・R. コヴィー著、フランクリン・コヴィー・ジャパン訳、キングベアー出版、2013年）

ては、1980年代初頭に登場したSMARTフレームワークに従うのが良いと思う。SMARTな目標とは次のようなものだ。

1 **具体的である（Specific）**：何を達成し、どんな行動をとるか。
2 **計測可能である（Measurable）**：進捗を把握するデータをどのように取得するか。
3 **達成可能である（Attainable）**：目標は現実的か。守りに入らず、かといって明らかに失敗するようなものでもないように。
4 **関連性がある（Relevant）**：ビジネスの戦略上の目標につながっているか。
5 **時間的制約がある（Time-bound）**：目標達成までの時間を定義しているか。

このフレームワークに反すると、機能不全に陥る。さらにプロダクトが掲げるSMARTな目標をより発展させるモデルがいくつかある。ここから、プロダクトの戦略上の目標をより良く計測するいくつかのアプローチと、それらのアプローチと従来の成功のメトリクスとの違いについて説明する。

戦略上の目標の設定：ビジネスケースを作る

私がかつて所属していたある企業の話だが、その企業は当時新しい市場に参入しようとしていた。しかし顧客や身近な人々からの支持が得られていない、という問題を抱えていた。信用に欠けていたのだ。そこで私たちは、調査企業Gartner社が発行する「マジック・クアドラント」を参考にすることにした。Gartnerは毎年、市場に存在するさまざまな競合企業を分析し、顧客のニーズに応えるために最も優れたポジションにある企業に、最も高い格付けを与えていた。そこで私たちは、Gartnerが定義する「市場をリードするポジション」を参考に、ロードマップを作成した。その結果、Gartnerからトップの評価を得ることができた。そして、そのプロダクトが爆発的に売れたことで、私たちの状況は一変した。

これは、とあるビジネスの成果を作り上げた例だ。私たちの顧客は、

Gartnerの分析を絶対的真理として扱っていた大企業だった。当時、私たちはマジック・クアドラントに載ろうと奮闘しており、それが私たちのやり方だったのだ。Gartnerは、私たちが望む証明をしてくれた。このやり方は、例えば100万人にアンケートを実施するよりも、いろいろな意味で効率的にプロダクトを作ることに繋がった。Gartnerに認められた後は実際に計画を実行に移さなければならなかった。当時はまだソフトウェアを箱売りしていた時代だったのでかなりのストレスがあったが、幸いなんとかニーズにあったプロダクトを作ることができた。

マジック・クアドラントを使って行った方法を別の言い方で表現すると、ビジネスケース[23]を実行したということになる。これはさまざまな仕事の「Why」を表現するのに適した方法だ。一般的に、「ビジネスケース」というと、長いレポートや面倒なプロセスを連想する。例えば、経営コンサルティング企業が作成した100枚のパワーポイントなど、漫画「Dilbert」に出てくるような笑いの種のようなものだ。

しかし、必ずしもそうしたものである必要はない。1ページだけのシンプルなビジネスケースでも、何もないよりははるかにマシだ。むしろ、それくらいシンプルな方が良い場合もある。マーク・トウェインの有名な格言「もっと時間があれば、もっと短い手紙を書いていただろう」の精神だ。ビジネスケースの焦点を絞ることで、よりシャープで鋭い思考が生まれることが多い。このフェーズであまり多くの時間を無駄にしてはならないが、かといって無視もしてはならない。そこで、あなたが次のようないくつかの鍵となる質問に答えられていることを確認してほしい。

ターゲットは誰か？

誰のためにプロダクトやサービスを作っているだろうか？　バリューチェーンや意思決定プロセスにおけるその人の役割は何だろうか？　あなたが作っているものは、プロダクトやサービスの利用者を対象としたものだろう

23　訳注：大規模な投資やプロジェクトを行う場合に、計画の実現可能性や想定する利益を説明する文書のこと

か？　購買者を対象としたものだろうか？　あるいは、あるグループのために作っているが、お金は別のグループからもらうことを期待しているのかもしれない。例えば、子供向けのプロダクトを作ってその親にお金を払ってもらう場合とか、利用者向けのプロダクトを作って広告主にお金を払ってもらう場合などだ。BtoBの世界の場合、どのような企業をターゲットにしているのだろうか？　その企業の特徴は何だろうか？

プロダクト開発の初期段階では、「Who」をドキュメントに落とし込むことは極めて重要だ。そうしないと、間違った結果を計測することになりかねない。その企業がどんな人をターゲットにしているのかを表すプロフィールを描いた「ペルソナポスター」が会社の壁に貼られているのをよく見る。詳細で具体的なペルソナは、プロダクトの開発、マーケティング、営業を行うチームにとって、抽象的な購買者を、よりリアルに感じさせるためのものだ。ペルソナはユーザーの顔を見えるようにし、チームがその顧客を知っているかのように感じられる十分な情報を含むものになる。

どんなペインに対応するのか？

プロダクトが意味ある課題を解決していなければ、おそらくそれはゴミ箱行きだ。何かのニーズを解決しているという確信なしに、プロダクト開発にリソースを投入するチームはほとんどないはずだ。しかし、課題の大きさや課題の発生頻度は、チャンスの大きさに直接影響する。課題の価値を考えるためのよくある方法は、「アスピリンとモルヒネの点滴のどちらが必要か」と問うことだ。別の問い方をすれば、「あったらいい」と「絶対に必要」のどちらなのかということだ。

最初に「Who」と「ペイン」の話から始めたが、「ソリューション」に焦点を当てることを提案している訳ではない。「誰かに頼まれたから」「誰かが持っているから」という理由で何かを作ることが、あなたの目標や「Why」ではない。重要なのは、対象とする顧客が直面している解決すべきペインを深く理解することだ。言い換えれば、顧客から注文を受けたり、競合他社が決めた慣習に従っていては、イノベーションにたどり着けない。顧客を正しく理解し、共感することでイノベーションが生まれる。

Forrester Research社のクリストファー・コンドの分析によると、多くの企業がこの課題に直面している。同氏は、「ビジネスニーズと開発者の同期」と題したレポートの中で次のように述べている[24]。

> （今の時代の）顧客は、ウェブ、モバイル、ウェアラブル、店舗、自動車内など、複数の接点を介して、自分たちを魅了する完全なデジタルソリューションとしてプロダクトやサービスが提供されることを期待している。しかし、（アプリケーション開発チームやデリバリーチームは）このような多面的にわたるアプリケーションを提供しようとする際に、達成すべきビジネス目標を明確に把握していないと、進むべき道を見失ってしまうことがよくある。どの機能を優先すべきか、なんとなく推測してしまうのだ。データドリブンなアプローチよりも、何がベストかを「勘」で推測してしまうことが多い。

鍵となるのは、顧客が本当に求めているものを、データやメトリクスを使って探し出し、見極めることだ。

望ましい成果とは？

また、ユーザーが抱えるペインが現在どのように対処されているかを理解し、ドキュメント化することも重要だ。以前から存在しているペインであれば（おそらくほとんどはこのケースだろう）、ユーザーはそうしたペインを回避する方法や、完全に解決する方法を見つけている。そうしたソリューションはコストがかかり、理想的ではないかもしれないが、多かれ少なかれ、なんとかなっているのかもしれない。

私の経験では、洗練されてはいないものの、こうしたペインを人手で対処するためのExcelのシートが、必ずと言っていいほど存在する。ペインが判明していれば、何かしらのソリューションがあるはずだ。新しいソリューションが成功するには、既存のソリューションより格段に優れている必要があ

24 Christopher Condo, "Sync Developers With Business Needs," Forrester, December 19, 2019

る。まだ洗練されていないとしても、あなたのソリューションが代替案よりも大幅に優れているかを自問してほしい。2倍？ 5倍？ 10倍？ 望ましい結果は、計測可能だろうか。もし顧客がペインを認識していない場合は、あなたには別の課題があると言える。つまり、潜在的なペインの存在、価値、そしてそのペインを無視した場合の悪影響について、購買者にアドバイスする必要があるのだ。

BtoBソフトウェアの世界では、一般的に3つの成果を目標としている。

1 **収益**：プロダクトが顧客獲得や顧客維持に影響を与え、収益の増加にどのように貢献するか。
2 **コスト**：プロダクトの新しい機能は、コストをどのように削減するか。
3 **リスク**：プロダクトがビジネスリスク、環境リスク、市場リスクをどのように軽減するか。

ここからはビジネスケースを作成する際に考えられる、いくつかのアプローチについて説明しよう。

論より証拠

私にとっては、ビジネスケースの中でも収益に関する領域が最も重要だ。特に経済が好調なときには、収益が一般的に最も望ましい成果となる（経済が低迷すると、その振り子がコスト側に振れることがよくある）。もちろん、これはかなり抽象的なものだ。収益は、すでに需要が明らかな新プロダクトから得られるだろうか？　現在のプロダクトを今より価値あるものにしたり、差別化したりするための新機能からだろうか？　既存顧客へのアップセルからだろうか？　それとも新しい顧客をターゲットにしたものからだろうか？　解約率を下げることで収益を上げるのだろうか？　個人的には、新機能における望ましい成果として、詳しい説明もなく「収益の向上」が掲げられるのを見たくない。抽象的すぎて意味がないのだ。どのような方法で収益を増加させることを期待しているのか、詳細が欲しいのだ。収益の増加に貢献する例は以下になる。

競争力の向上：機能（または一連の機能）不足のために競合他社に顧客を奪われていることを気づいて、なんらかの機能を構築しているか？
アナリストランキングの向上：先述したように、私は、自分のプロダクトがアナリストのマジック・クアドラントの上位のポジションに近づける仕事を優先していた時期があった。それが収益の増加につながり、会社に貢献はしたが、今となっては、これが意味のあるビジネス目標だったのか、複雑な心境だ。

収益の増加は、あくまでも望ましい結果の１つだ。望ましい結果は、最終的に対象者と、対象者のペインに結びつくものでなければならない。願わくば、顧客の何らかの重大な問題や課題を、計測可能な形で解決したいがために、何かを作るのであってほしい。さらには、それが戦略上の目標を満たすものであってほしい。

過去に私は、プロダクトマネジャーに、収益の見込みに基づいて仕事の優先順位を決めるように言っていた。しかしこれだと、それぞれのプロダクトマネジャーが大口の顧客からの、よくある機能要望を選ぶことになってしまう。すると、それらの契約を足し合わせたものがプロダクトマネジャーの仕事に紐づけられてしまう。これは、収益上の数字をあげる手っ取り早い方法ではある。問題は、私のチームのメンバー全員が、非現実的な（あるいは現実的だったのかもしれない）大きな数字を出してしまったことだ。すべての数字が大きくなると、何が最も重要なのかを判断するのが難しくなる。しかも、この時のプロダクトマネジャーは、顧客のところに行って「もし新しい機能を１つだけ選ぶとしたら、どれにしますか？」と顧客にとって最も重要なものを聞いたわけでもないのだ。

しかし、重要視すべき経済的な指標は、収益だけではない。

経済的なインパクトを作り出すフレームワーク

ダン・レイネルトセンの『Principles of Product Development Flow: Second

Generation Lean Product Development（製品開発フローの原則：第２世代のリーン製品開発)[25]』には、「作るものすべてを、経済的なインパクトと関連づけるべきだ」と書かれている。私はダンに会ったことがあるが、彼が「２つのタイプのプロダクトマネジャーがいる」と言っていたのを思い出す。１つは経済的なインパクトを示すことできるタイプで、もう１つはそうでないタイプだ。どちらのタイプが早く行動するだろうか？

大きな組織では、経済的なインパクトの算出方法が政治的になることがある。各ステークホルダーは、さまざまなリソースが少ないことを承知の上で、自分たちのプロジェクトの承認を得ようとする。経済的なインパクトが大きいほど良いという前提において、人々は必ずしも現実に即しているとは限らないと言える。だからこそ、経済的なインパクトを判断するための、全社的に一貫したフレームワークを構築することが非常に重要なのだ。

レイネルトセン氏は、プロダクト開発の意思決定を行うためのフレームワークとして「遅延コスト」を提案している。本質的には、このモデルは、「プロダクトのリリースを遅らせた場合の経済的な損失」を明らかにすることを求めている。もちろん、実際にはさまざまな形で表現することができる。以下に、いくつかのアイデアを紹介する。

- 販売を予定しているプロダクト／機能のリリースができないと、収益上の損失が発生する
- 顧客が欲しがっているプロダクト／機能のリリースができないと、解約が発生する可能性がある
- コスト削減や効率化を目的としたプロダクト／機能のリリースができない場合、コストの増加につながる
- あるカンファレンスに向けたプロダクト／機能のリリースができないと、機会損失となる可能性があり、収益に悪影響を及ぼす

このフレームワークを何年も使ったが、すべての機能について正確な金額

25 Celeritas Publishing, 2009

を算出することは現実的ではないと感じている。多くの場合、このレベルの分析は、実際にはかなり大きなレベル（例えば、新プロダクトや大きな機能など）でのみ適用が可能だ。しかし、たとえ小さなレベルの機能であっても、遅延コストの考え方を適用することで、より良い意思決定ができる。このような場合には、私は次のような遅延コストに相当するモデルを採用している。

SAFe

SAFe（Scaled Agile Framework）には、私がよく使うモデルがある。考え方は簡単だ。「ユーザー／ビジネス価値」、「時間価値」、「機会の有効性／リスクの低減」についてのスコアを特定するというものだ。「ユーザー／ビジネス価値」とは、ユーザーやビジネスにおいてそれぞれ発生する具体的な価値の尺度だ。これには、収益、解約、その他の財務上の成果が含まれる。「時間価値」は、重大なリニューアル、マーケティングイベント、または新しい規制への対応など、作業項目の適時性を勘案することだ。例えば、税務ソフトを作っていて、改正された税法をサポートする必要がある場合、この作業の「時間価値」は他の項目に比べて非常に高くなる。「機会の有効性／リスクの低減」では、投資による長期的な影響と潜在的な機会を計測する。これは、技術的負債への対応やAPI提供の価値を評価する際の重要な要素になる。例えば、ユーザーが技術的負債への対応を求めることはないだろうが、だからと言って、もし対処しなければ、将来のすべての作業の品質に影響を与える可能性がある。

これらのスコアはすべて相対的な数値になる。SAFeを使う場合には、スコアの基準作りが必要だ。前述の領域で、スコアが低いことがわかっている代表的な作業を１つ選び、それを「１」とする。そして、新しい作業を評価するときには、チームとともに、その作業が基準となる仕事の価値と比較して２倍なのか、３倍なのか、はたまた10倍になっているかどうかを問えばよい。こうしたスコアを集計すれば、遅延コストの代わりになる総合的な価値を表すスコアが得られる。

この延長線上にあるのが作業のコストだ。まず、総合的な価値のスコアを、作業の労力で割る。そして、「重み付けされた最短の作業から着手」[26]という優先順位づけを行う。この手法は、「手の届く果実（大きな労力をかけずとも達成できる目標）」を特定するのに役立つ。しかし、私の経験では、このテクニックは、大きな賭けをするときの優先順位付けにはほぼ役に立たない。コストの要素によって、他の項目よりも、大きな賭けとなりうる項目の価値のスコアが下がってしまいがちなのだ。

60秒ビジネスケース

シニアプロダクトマネジャーのジェイソン・ブレットは、プロダクトに関するビジネス上の意思決定に役立つ興味深いモデルを提案した。彼はそれを「60秒ビジネスケース」と呼んでいる[26]。

あるプロダクトの意思決定がもたらすインパクトを理解するために、組織内での迅速なコミュニケーションを促進するためのフレームワークを開発することがジェイソンの目標だった。「60秒ビジネスケースは、全員の意見を一致させ、より効率的かつ効果的に作業の優先順位をつけるための非常に強力なツールとなるだろう」と彼は書いている。

彼が開発したフレームワークは、「戦略的整合性」、「業務上の必要性」、「収益」、「顧客体験の向上」、「イノベーションの価値」、「コストの削減」という一連の鍵となる変数に基づいている。これらの異なる尺度のそれぞれに重みをつけ、プロダクトマネジメントの優先順位を加えて、合計100点とするというものだ。

このフレームワークの変数に基づくと、プロダクトチームは、ある取り組みが「高」、「中」、「低」、さらには「ゼロ」のいずれのランクであるかを評価できる。例えば、「戦略的整合性」のランクが高い開発項目は、企業のミッションをサポートし、プロダクトのビジョンを推進するものだ。また、「収益」で上位にランクされる項目は、そのプロダクトがすぐに意味のある収益を生み出すことを示す。

ジェイソンは次のように述べている。「私たちは、これらのビジネス尺度

---

26 「重み付けされた最短の作業から着手」（https://www.scaledagileframework.com/wsjf/）

27 Jason Brett, "The 60-Second Business Case": https://arc.pragmaticinstitute.com/resources/articles/the-60-second-business-case

を個別に計測する方法を見出しており、それぞれの尺度はコミュニケーションを通じて素早く支持を得ることができる。特定のプロダクトや機能、施策を実行したい場合には、スプレッドシートを見ながら、『それは高い戦略的整合性を持っているから重要なのだ』と言うことができるだろう」。

こうしたランキングは、ほとんどの場合、チームからの情報に基づいた主観的なものだ。また、組織の優先順位の変化に応じて、時間の経過とともに変化することもある。目標が、収益やコストの削減ではない場合もある。目標が、新しいことを学んだり、市場やプロダクトについてのインサイトを得るというシンプルなものかもしれない。何か新しいことを始めるときには、検証された「学び」を得ることに焦点を当てた実験を行うのが一般的だ。この概念は、エリック・リースの「リーン・スタートアップ」で広く知られるようになった。「Why」とは、実験を通じて得たい学びのことだ。効果的な実験を行う方法については、第3章「顧客データをインサイトに変える」で詳しく説明する。

プロダクト視点を持つ

優れたプロダクトは、プロダクトに関わる優れた人たちが、自分たちのプロダクトは何が違うのか、何が特別なのかについて強い意見を持っていることで実現する。史上最も意見の強いプロダクトパーソンであろうスティーブ・ジョブズが最も良い例だ。「コンピューターにはキーボードもフロッピーディスクもCDもいらない」と言ったのは彼だ。ジョブズと彼のチームがデザインしたプロダクトには、彼の精神が反映されている。プロダクトに対する考え方は、実際に作りあげるプロダクトにも、ユーザーや顧客の体験にも劇的な影響を与える。

では、あなたはどのような視点を持っていて、それがなぜ顧客の心をつかむのだろうか。私は、プロダクトチームや企業は、明確な視点を持ち、一般常識に逆らうことを恐れてはならないと考えている。例えば、Pendoは初期から、幅広いプラットフォームの構築を目指していた。これは、スタートアップは一つのことに集中し、そこで優位になってから他の領域に移るものだという常識に反していた。当時の私たちはとても独特で、ある見込み顧客は私たちのソリューションを「不格好だ」と表現した。もちろん、当時の私はこの表現を快く思っていなかったが、今では私たちの機能の幅広さが業界標準となりつつある。

これらは、プロダクト視点（または意見）におけるほんの数例だ。優れたプロダクトの多くは、強い意見の積み重ねから生まれる。チームは、自分たちにとって最も重要なことをドキュメントに落とし込み、それを北極星に見立ててビジョンを描き、プロダクトに関する意思決定をしていくべきだ。

運用目標の設定：プロダクトを導くガードレール

ビジネスケースと目標を設定した後、自分たちが良い仕事をしているかどうかをどうやって知ることができるだろうか？　自分たちが行った変更が良い結果をもたらしたのか、それとも悪い結果をもたらしたのか、どうやって知ることができるだろう？　週次定例で役員陣に何を報告しているだろうか？　ここで重要になるのが運用メトリクスだ。

運用メトリクスは、ビジネスのほぼすべての領域に存在する。これは、ビジネスがどのように営まれているかを測るのに役立つ、合意と周知がなされた基準だ。マーケティングには、販売見込み顧客を追跡する仕組みとして、リード（新規見込み顧客）やパイプラインがある。営業には、売上高、達成率（営業担当者が目標に対してどのくらい成果を上げたか）などがある。財務には、売上総利益率とバーンレート（資金燃焼率）がある。

これらの運用メトリクスは、大まかにはKPI（Key Performance Indicators、重要業績評価指標）のカテゴリーに入る。私は、KPIを「ガードレール」と考えるのが良いと考えている。市場の動きがかつてないほど速くなっている今、KPIは道を外れないようにし、安全のためにハンドルを切るべき時を知らせてくれるものだ。目標値はKPIの一部で、あるKPIの中での達成したい数値を表す。例えば、第２章「測るもので決まる」で詳しく説明するネット・プロモーター・スコア（NPS）をKPIの１つとして設定し、10以上を維持したいと考えているとする。毎週それをレポートし、10を下回った場合には対策を講じる必要がある。また、NPSの目標値を25に設定したとすれば、これは、現在のスコアを向上させたいことを意味し、この目標値に向けた進捗状況を定期的にレポートするだろう。

リリースのその先

かつて、最も重要な運用目標がリリースだった時代もあった。しかし今や、それは過去の風習だ。今日、ほとんどのソフトウェアはサービスとして提供されている。つまり、コードをリリースすることは、日次、週次のリズムとして当たり前になっている。相対的に少量のコードを毎日のようにリリースしていると、毎回お祝いするようなものでもなくなっていく。

しかし、リリースの重要性が低いという意味ではない。現代の多くの企業にとって、ソフトウェアはビジネスの原動力で、イノベーションと差別化の手段である。コードをリリースすることは、今でも魔法のようであり、かつ重要なものだが、祝うべき対象をリリースの瞬間ではなく、機能が顧客に定着したり喜びが生まれた瞬間といった、より下流へと移す必要がある。そもそも、ソフトウェアを開発する目的は何だろうか？　それは、機能が顧客に定着することと、顧客の喜びを生み出すことに他ならない。これらがない場合、実際に何を達成したと言えるだろうか？　まったく何もできていないのと同じだ。

顧客はリリースをこうした視点で見ている。リリースは、森の中で倒れる木のようなもので、誰もその音を聞いていないのだ。実際に木は倒れたのだろうか？　もちろん、文字通り倒れはした。しかし、それだけで何かが変わるわけではないのだ。

顧客の意見はこれまで以上に重要だ。SaaSの世界では顧客は簡単にソフトウェアを乗り換えることができるからだ。ビジネスは、顧客のロイヤルティを継続できるかどうかにかかっている。このことを軽視すると、顧客は黙って離反してしまう。

だからこそ、ユーザーが何をし、どのように感じ、何を求めているのかを計測することは、プロダクトチームにとって非常に重要だ。このようなインサイトがなければ、何も見えていないも同然だ。

顧客が何をしているかは、アプリ内でのユーザーの行動に現れる。どの機能が定着しているだろうか？　どの機能を無視しているだろうか？　どのようにタスクをこなし、アプリ内をどのように移動しているだろうか？

顧客がどのように感じるかは、アプリ内での体験におけるユーザーの感情に現れる。どこに喜びや不満を感じているだろうか？　何が便利で価値があり、何にイライラしているだろうか？

顧客が何を求めているかは、ユーザーからのフィードバックや具体的な機能要望に現れる。何を作り、何を改善するべきかの参考になる。これは、顧客との共創的な対話だ。

Pendoでは、ソフトウェア内でのユーザーの行動を追跡している。プロダクトチームが正しいものを作り、プロダクト体験を改善するのに役立てるためだ。毎年、エンドユーザーによるソフトウェアの利用状況を把握するために、約３億人のユーザーの約１兆件のデータを匿名化し、集約している。そこから、非常に憂慮すべきことがわかっている。

上場しているSaaS企業は、ほとんど、あるいはまったく顧客が利用しない機能をリリースしており、その結果何十億ドルもの研究開発投資が無駄になっているのだ。実質的にはお金を焼き払っているようなものである。このように顧客に放置されてしまう機能は、現在SaaS企業がリリースしている機能の80%以上を占めている。

Pendoが過去に実施した年次調査「プロダクトリーダーシップの現状」では、プロダクトチームはリリースした機能数を計測することで成功を測っていた。私の同僚がよく言うのだが、これはCFO（最高財務責任者）が請求書の支払い件数で業績を測るようなものだ。機能がリリースされた時点で勝利を宣言するというのも的外れだ。しかし幸いなことに、こうした傾向は変わり始めている。

リリースの瞬間を旅の終わりととらえるのではなく、始まりととらえるべきなのだ。作ることに焦点を置くのではなく、利用を促進し、学習し、最適化することに焦点を移すべき時だ。

これが、機能のリリースを祝うことに私がケチをつける理由だ。リリースのお祝いは、誤った自信、危険な自己満足につながる。始まったばかりなのに、なんとかして終えたように錯覚してしまうのだ。

ピーター・ドラッカーの有名な言葉に「計測していないものはマネジメン

トできない」というものがある。この言葉は、人によっては、使い古された決まり文句のように感じるかもしれないが、私にとっては、まさに真実だ。ビジネスにおける組織的な改善のために、計測することを中心に据えるのだ。それ以外のことはまぐれに過ぎない。

プロダクトの利用状況

プロダクトの利用状況は、プロダクトメトリクスのうちの分類の１つだ。ユーザーは何人いるのか、各ユーザーがどのくらいの頻度で利用しているか、１人がどのくらいの時間利用しているかなど、目標は多岐にわたる。多くのビジネスにおいて、利用状況はビジネス目標に直接影響する。広告で収益を上げるBtoCビジネスでは、視聴数やエンゲージメントの数値が重要で、基本的に、これが広告主に対する売り物だ。BtoBプロダクトでは、ユーザーの利用状況の悪さは、ユーザーがプロダクトから得ている価値が低いことを表している可能性がある。

プロダクトマネジャー600人を対象に実施した2020年の「プロダクトリーダーシップの現状」調査では、今の時代のプロダクトチームの北極星となるKPIは、売上高よりもプロダクトの機能の定着状況と機能の利用状況であることがわかった。最終的には、プロダクトチームが提供するものは、顧客に定着して初めて価値を持つ。そして、プロダクトに定着し、定期的に利用する顧客は、プロダクトの支持者やアドボケイトになる傾向がある。

鍵となるのは、自社のビジネスに最も利益をもたらす、顧客の行動に基づいた目標を設定することだ。場合によっては、直感に反することもあるかもしれない。例えば、私は多くのアドテクノロジー企業と仕事をしてきたが、アドテクノロジー企業では自社プロダクトの利用状況ではなく、広告のインプレッション数に応じて売り上げを得ている。しかし、広告の作成に何時間もかかると、広告キャンペーンの作成が遅くなり、収益に影響してしまう。そのため、広告キャンペーンの完成までの時間を短縮することが、アドテクノロジープロダクトの運用目標として適切になるだろう。

機能の定着状況

ユーザーが特定の機能を利用する頻度を計測する「機能の定着状況」が、プロダクトの利用状況の一部であることは明らかだろう。これは、より細かいユーザーの行動を表すものだ。ユーザーは、ある行動をとっているだろうか？　どのくらいの頻度で行っているだろうか？　何人のユーザーが行っているだろうか？　どのようなタイプのユーザーや顧客が行っているだろうか？

図1.1は、特定の機能を利用している顧客の割合を目標に設定した例だ。比較のために他の機能のグラフも含んでいる。こうして比較すると、ある機能を、基準とする別の機能と同じくらい顧客に使ってもらいたい、と考えるだろう。

感情（センチメント）

ユーザーや顧客がどのように感じるかは、鍵となる運用メトリクスだ。いくつかの指標を紹介する予定だが、ユーザーの感情はプロダクトの健全性を測る定性的な指標になることが多い。一般的に、企業は顧客の感情を向上または維持することを目標とするからだ。定性的な尺度の計測については、第4章「感情の測り方」でより深く掘り下げる。

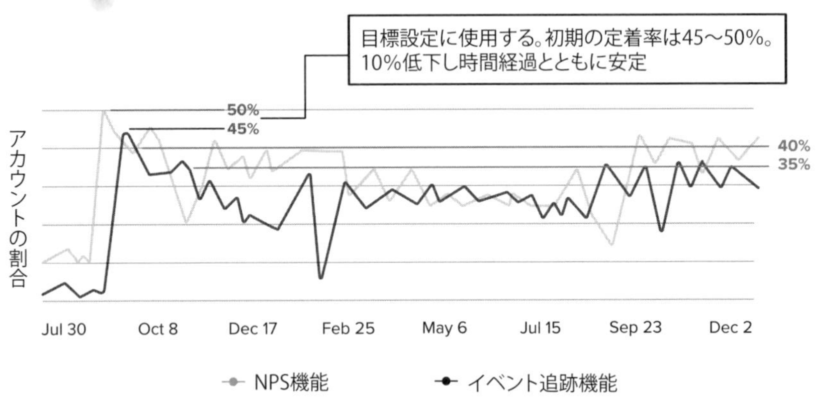

｜図1.1｜アカウント別の新機能の定着率を示すグラフ　　出典：Pendo

コンバージョン（転換）

ほとんどすべてのソフトウェアプログラムやテクノロジーは、タスクやプロセスを自動化したり、完遂するために存在している。「コンバージョン」とは、基本的には、ユーザーがタスクを完了したかどうかということだ。完了率（またはコンバージョン率）の向上は、鍵となる運用メトリクスになる。第５章「プロダクト主導型のマーケティング」で詳しく説明する。

多くのソフトウェアシステムは無料トライアルを提供している。トライアル顧客を有料顧客にコンバージョンすることは、運用メトリクスであり、ビジネスにとって鍵となることは言うまでもない。

顧客維持（リテンション）

顧客を獲得するための努力を考えると、顧客やユーザーを維持することも重要な運用メトリクスとなる。そのため、新規顧客獲得とコンバージョンの対になるものとして、どれだけの顧客が契約更新してくれているかを反映するメトリクスを定義することが、非常に重要だ。

顧客に近づく

私はデラウェア州で育ち、14歳の頃に銀行向けのソフトウェアを作り始めた。この仕事に就けたのは、母が近所の人に私の技術を過大に触れ回っていたためでもある。コーディングは独学で学んだが、ソフトウェアへの情熱は人一倍あった。何でもスポンジのように吸収していた。銀行でのチャンスが巡ってきたときには、それにすぐ飛びついた。私の仕事は、銀行内のマネジャーが、ビジネス上の成果を上げるためのタスクを自動化することだった。そこでの経験は、顧客第一主義とテクノロジーをいかに結びつけるかを学ぶ、素晴らしいものとなった。自分のデスクから一歩も離れない同僚とは違い、私は顧客と話す時間を作り、顧客の問題解決のためにできる限りのことをした。私は、顧客の成功のために何ができるかを学ぶために、顧客の声に耳を傾け、質問をするという習慣を身につけた。これは、私たちが何を作るかを決めるための強力な「Why」となった。

大学に入学してからも銀行で働き続けた。学期が終わるたびに、自分が構築したシステムのメンテナンスをしていた。しかし、4年ほど働いたある夏、顧客との接し方について考え方が大きく異なる、新しいITマネジャーが銀行に着任した。彼は、「本人の話は聞くな」「自分の言う通りに作ればいい」と言うのだ。これはおかしいと思ったことを覚えている。顧客のニーズこそが重要なのではないのかと。この新任マネジャーのやり方では、結果が出ないことはすぐにわかった。そこで私は、技術者仲間と一緒に一種のクーデターを起こし、そのマネジャーに抗議をした。最終的に彼は職を失うことになった。もちろん、人として気分のいい出来事ではなかった。しかし、これは私にとって正しいことを確かめる経験となった。顧客が何を求めているかが本当に重要であることを証明できた。技術のためだけにソフトウェアを作ってはいけないのだ。

顧客の立場で1日を過ごせば、顧客のニーズが見通しやすくなってくる。そうすると、顧客の日々の課題を理解しなければならなくなるのだ。この点で、市場調査に関するある大きな誤解を感じている。ソフトウェア業界では、ヘンリー・フォードの有名な言葉を（実際に彼が言ったかどうかは疑問だが）、顧客と距離を置くことの正当化に使う人があまりにも多いのだ。「もし人々に何が欲しいか尋ねたら、彼らはもっと速い馬が欲しい、と言っただろう」という言葉のことだ。

現代では、スティーブ・ジョブズやイーロン・マスクが同様の例だろう。例えばマスク氏は、自身の企業であるTeslaが2019年に「Cybertruck」を大々的に発売する前に、市場調査はしなかったと主張している。しかし、彼が電気自動車の最大の潜在市場をターゲットにしたプロトタイプを開発したのは、偶然ではない。潜在顧客がトラックの牽引能力を気にすると確信していたからこそ、その牽引能力を宣伝したのではないだろうか？

もちろん、少人数の人を部屋に集めて、「Cybertruckに何を求めるか？」を聞いたわけではないかもしれないが、イーロンは人々がトラックに何を求めているかを理解していた。スティーブ・ジョブズの場合も同じだ。彼は、私たちが考えているような「市場調査」は行っていなかったかもしれないが、パロアルトの店舗に足を運び、人々がソフトウェアをどのように使っているかを見ていたことは確かだ。伝記作家のウォルター・アイザックソンは、ジョブズがiPodを開発したのは、ジョブズ自身が欲しかったからだと書いているが、これも市場調査の１つの形なのだ。最後の例は、マーク・ザッカーバーグだ。彼はハーバード大学の上流クラブに入会できず、Facebookを立ち上げた。彼は、気軽なコミュニティの一員になりたかったのだ。イーロン、スティーブ、マークの３人は、大きな問題に対する解決策を求めているのは自分たちだけではないと考えた。もし自分ではなく他の人が感じているペインを解決したい場合は、アンケートを送るなりグループインタビューを開催するなりすることで、画期的なソリューションを構築するために必要な共感を得ることができるだろう。

プロダクトの「ジョブ」は何か

Harvard Business School の故クレイトン・クリステンセン教授は、「Jobs to Be Done：顧客のニーズを見極めよ」という代表的な論文で、「Jobs to Be Done（片付けるべきジョブ）」という概念を広めた。彼はその後、このテーマで有名なTEDトークを行った。マクドナルドのミルクシェイクに関わるコンサルティングの話だ。そのプロジェクトの目標は、停滞しているミルクシェイクというカテゴリーを再成長させる方法を見つけることだった。

マクドナルドのミルクシェイクのプロジェクトでは、購入者の購入動機の調査が行われた。なぜマクドナルドの顧客はミルクシェイクを買うのだろうか？　いわばミルクシェイクを「雇用」して、どんな仕事（ジョブ）をさせようとしているのだろうか？　プロジェクトチームは、顧客がミルクシェイクを購入するのは、長い通勤時間の単調さを解消するためであることを発見した。これは、ミルクシェイクを食事のお供としてしか考えていなかったブランドマーケターには思いもよらない、捉えがたく予想外の結論だった。顧客がミルクシェイクを「雇用」して解決したいジョブを理解することで、課題を捉え直し、プロダクトの位置づけやプロモーション方法を変えることができ、ミルクシェイクのカテゴリーの成長を再び活性化することができたのだ。

この「ジョブ理論」を、あなたのプロダクトの考え方にも当てはめるのが

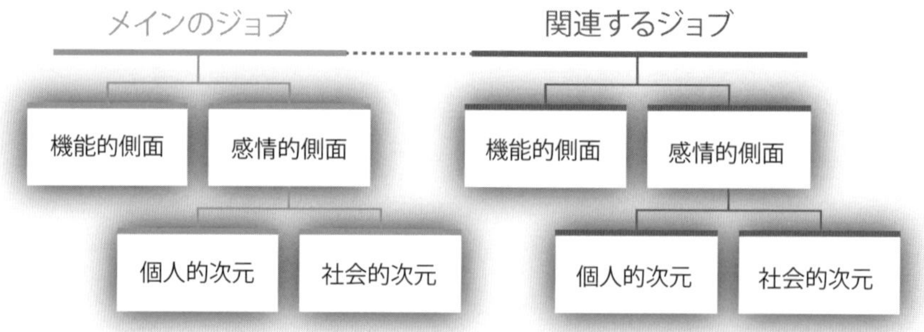

｜図1.2｜JTBD（Jobs to Be Done）フレームワーク　出典：Pendo

よいだろう。このような方法でプロダクトを捉え直すことで、顧客がプロダクトを使う理由に重視した、アウトサイド・イン（外から中）の視点に移ることができる。自問してみて欲しい。「どんなジョブのために、顧客は私のプロダクトを雇用するのか？」。もっと言えば、顧客に聞いてみて欲しい。そして、表面的な答えや、現状を肯定するような結論に甘んじてはいけない。ミルクシェイクのようなインサイトを見つけてほしい。

プロダクトに期待されているジョブが理解できたら、そのジョブを支える具体的なタスクに分解する。タスクを特定できたら、プロダクトの中での目標を設定したり、ジョブを支えるタスクの達成状況を計測したりすることができる。

ここで、Intuit社の人気の税務申告ソフトであるTurboTax®を例に、このフレームワークをどのように適用できるかを考えてみよう（図1.2参照）。

1　**メインのジョブ：**顧客が行うべきメインタスクを記述する（この場合は確定申告の完了）。
2　**関連するジョブ：**メインのジョブに関連して、顧客が完了したい仕事を記述する（例えば、顧客の税金を減らす機会を見つけること）。

これら2つのタイプのジョブの中には、以下の側面が含まれる。

3　**機能的側面：**プロダクトが提供する基本的な機能（この場合は、確定申告を簡単に計算して提出するためのツールのこと）。

4　**感情的側面：**これらの機能を使用することで得られる感情や知覚（例えば、「このツールを使うと、面倒な作業が簡単にできるようになり、自分では気づかなかった税金の軽減方法を見つけることができて、賢くなったような気がする」というようなこと）。

そして、感情的側面はさらに以下のように分解される。

1　**個人的次元：**顧客がソリューションに対してどのように感じるかを反映する。（例えば、便利さをありがたく感じているか？）

2　**社会的次元：**このツールを使用した結果、顧客が他人からどのように見られるかを反映する。（例えば、賢く、有能で、機知に富んでいる、と見られるか？）

このフレームワークをあなたのプロダクトに適用することを検討してみて欲しい。顧客がどのようなジョブを片付けようとしているのかを理解し、そのニーズに応えるにはどうすればよいかを考える方法として活用して欲しい。

共感マップの活用

プロダクトマネジャーが顧客をより理解するためのもう1つのツールが、ユーザーの姿勢や行動を視覚化する「共感マップ」だ。共感マップとは、ある特定のタイプのユーザーについて、知っていることを、時系列に囚われず視覚的に描写する方法だ。図1.3のように、共感マップは伝統的に4つの象限に分けられ、それぞれにラベルが付けられている。「何と言っているか」「何を考えているか」「何をしているか」「何を感じているか」の4つだ。それぞれの象限には、対象のユーザーに関連する情報を格納する。

・「考えていること・感じていること」の象限には、ユーザーが考えていること（言いたくないことも）を反映する。例えば「なぜ私はこの仕組みを理解できないのか？」などだ。また心配や興奮など、感じていることも捉えたい。

・「聞いていること」の象限には、ユーザーが家族や同僚から聞いたこと、言われていること、影響を受けてている情報、うわさ話などを記載する。

・「見ているもの」の象限には、ユーザーが普段目にしているものを反映する。どのようなアプリやメディア、または商品を目にしているだろうか。また他人のどのような行動を目にしているだろうか。

・「言っていること・やっていること」の象限には、インタビューやユーザビリティ調査の際にユーザーが声に出して言った言葉などを記載する。例えば「信頼性の高いものが欲しい」などだ。また例えば、どのように画面を操作したかや気が散ったかなど、ユーザーの直接的な行動を反映する。

共感マップは人を反映したものであり、さまざまな要素が複雑で、矛盾があると認めることが重要だ。また、特定の象限の情報が不足している場合は、調査が終わっていないという証しだ。それがわかるだけでも価値がある。共

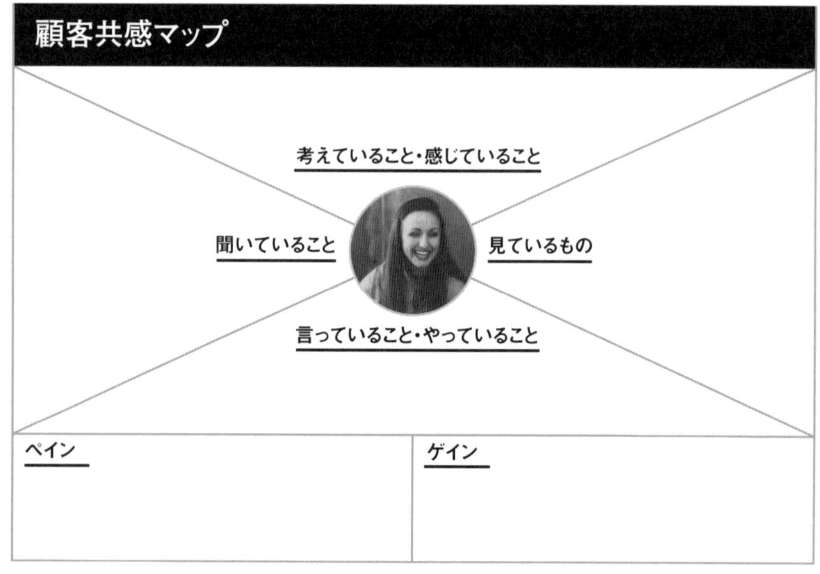

｜図1.3｜共感マップのテンプレート　出典：Pendo

感マップの最終的な価値は、プロダクトマネジャーが見落としていたユーザーに関する新たな理解の種を発見することにある。それは、一人のユーザーだけでなく、複数のユーザーをまとめたグループにも当てはまる。また、ユーザーに自分の共感マップを記入してもらうこともできる。これは、ユーザーのことを学ぶための戦略であり、時にはユーザーが今まで考えてもいなかったニーズに気づくきっかけにもなりうるのだ。

Amazonの「ワーキングバックワーズ」

Amazonの創業者であるジェフ・ベゾスは、新プロダクト開発のプロセスとして有名な「ワーキングバックワーズ（Working Backwards）」を利用している。プロダクトチームが新しいプロジェクトを開始する際に、プロダクトが将来顧客に与えるであろう影響についてのプレスリリースを先に書くのだ。そして、そこから逆算していく。

2019年にPendoが主催したカンファレンスで、AmazonのAlexa Mobileのプロダクト責任者であるマイケン・モラー＝ハンセンが、このプロセスを深く掘り下げてくれた。2014年にプリンシパル・プロダクトマネジャーとして立ち上げに貢献したFire TVの裏話を語ってくれたのだ。そもそもの始まりは、ベゾスからの「地上波テレビについて、Amazonは何をしているのか？」という質問だった。

当時の答えは「ほとんど何もしていない」だったが、マイケンの上司は、彼女のチームが構想を練っていることをベゾスに伝えた。そしてワーキングバックワーズのプロセスに入った。

大抵の場合、ワーキングバックワーズは、プロダクトチームが何を作るかを決めてから行うエクササイズだ。今回の場合、彼らはその時点であまりこのエクササイズに時間をかけていなかったのだが、このエクササイズは、プロダクトのビジョンが曖昧な場合にも有効であることがわかった。顧客から始めて、逆算していくのだ。マイケンがとったステップは以下の通りだ。

没頭してアイデアを練る

マイケンの場合、没頭とは、ディスカバリープロセスを通じて顧客に近づくことを意味する。彼女は先に述べたジョブ理論のフレームワークを好んでいた。それは、潜在顧客、特に「スーパーユーザー」と時間を過ごし、彼らがストリーミングデバイスに求めているジョブや、Amazonが彼らの生活にもたらす唯一無二の価値を理解することだ。マイケンが言うには、問題空間に身を置いて、サービスを提供しようとしているスーパーユーザーの立場に立つことで、平均的なユーザーではできないような方法で、プロダクトやサービスを極限まで高めることができるという。

最初のハードコア・ブレインストーミング・セッションを開催する

Amazonでは、人々が自由に考え、話せる環境を作ることから始める。これは、「悪いアイデアというものはないので、自由に発言してほしい」というアナウンスから始まるものではない。マイケンの経験では、人はこうしたことを念頭に置いていても、自分自身をさらけ出したくないものだという。マイケンは、Googleの生産的なチームに関する研究に沿って、ブレインストーミングの際にチームの心理的安全性を高めるように努めている。

こうしたことは、ビジョンを実現するために何が必要かではなく、チームの好奇心（学ぶことと質問すること）に焦点を当てることで達成される。ここでのアウトプットは、ワーキングバックワーズ・ドキュメントの鍵となる要素になる。それは、プロダクトが作り出す影響のビジョンを描くのに役立つプレスリリースと、よくある質問集だ。

ワーキングバックワーズ・ドキュメントの作成

次にマイケンは、以下のようにドキュメントを定義する。ワーキングバックワーズ・ドキュメントは、6ページのストーリー性のあるメモだ。プレスリリースから始まり、顧客が理解できる言葉、顧客がワクワクするビジュアル、顧客が尋ねるであろう質問を交え、顧客が目の当たりにするであろうアイデアを示すことを目的とする。

プロダクトチームは、最終的な発表で告知したい見出し、競合プロダクトとの違いを示す詳細部分、架空の顧客が新プロダクトや新サービスの価値をどのように引用するか、などをブレインストーミングする。

ドキュメントレビューでアイデアを完成させる

その後、関係者がドキュメントレビューに参加する。最初の20〜30分はドキュメントを黙読する。全員がドキュメントを読む時間を確保することで、全員が同じ認識から議論を始めることができる。そして、プロダクトのビジョンがしっかりと根拠のあるものであることを確認するために、3つの鍵となる質問について議論する。

1　全員がプロダクトビジョンを理解しているか？
2　改良できる余地があるか？
3　ワクワクしているか？

これらの質問に対する答えは、ドキュメントの改善に役立てられる。チームは最終版をベゾスをはじめとする経営陣に提示し、その後、作業を開始する。

このプロセスの威力が発揮されるのは、プロダクトの発売時にメディアに向けて最終的なプレスリリースを発表するときだ。Fire TVの場合、プロダクトの説明やビジョン、機能レベルの詳細に至るまで、ワーキングバックワーズのプロセスで作成されたバージョンに記載されている内容と驚くほどよく似ていた。

まとめ

プロダクト開発の旅に出るときは、まず「終わり」を考える必要がある。そのプロダクトで何を達成したいのか、なぜ時間とお金をかける意味があるのか。このような質問に答えるための最初のステップは、成功したかどうかを判断するための3つの異なる目標、つまり戦略上の目標、運用目標、顧客目標を組み合わせた目標を定義することだ。目標が定まれば、次の章で説明する目標達成に向けた進捗状況を計測するためのさまざまなメトリクスを特定する準備が整っているといえるだろう。

CHAPTER 2
測るもので決まる

前章では、プロダクトの成功を追跡可能にするために、戦略上、運用上、顧客に関わる目標を設定する方法について説明した。現在、ソフトウェア企業であるInfor社の会長を務めるチャールズ・フィリップスは、Wall Street Journal紙のインタビューでこのように述べた。「父には次のように教えられました。『計測できることをやりなさい。お前のことを好いてくれる人のことは当てにならないのだから。人それぞれ立場は違うが、もしお前がパフォーマンスを発揮し、それを示すことができれば、人は常にお前と一緒に次のステップに進むだろう』[28]」。この章では、プロダクトの目標達成に向けた、計測可能なメトリクスについて説明する。

私もキャリアの初期には、プロダクトに関してはほとんど何も計測しておらず、収益とバグの数を、主要な指標として用いていた。誤解しないでほしいのだが、収益は（前章で述べたように）素晴らしい指標だが、遅行指標[29]

28 Vanessa Fuhrmans, "Meet the CEO Trying to Make Business Software … Beautiful?" The Wall Street Journal, November 8, 2017; https://www.wsj.com/articles/meet-the-ceo-trying-to-make-business-software-beautiful-1510153201

29 訳注：ある別の指標に遅れて変化する指標のこと。プロダクトにおける遅行指標では、本章でも取り扱われる「収益」や「売上総利益」などがこれに相当する。逆に、先立って変化する指標は「先行指標」と呼ばれる。

であり、プロダクトチームが100%コントロールできるわけではない。従来、計測基準を持たなかった主な理由は、データを集めるのが非常に難しかったからだ。ソフトウェアには、プロダクトからデータを送り返す方法があらかじめ組み込まれていなかったし、ネットワーク接続はまったく頼りにならなかった。

それが今では、プロダクトの多くがクラウドでホストされている。今はリアルタイムにメトリクスにアクセスできるようになった。しかし、いまだに異なる考え方を持ったプロダクトリーダーに出会うことがある。「顧客が何を求めているかは、顧客が教えてくれる。何も計測する必要はない」と言うのだ。確かに、このような考え方をする人は少なくなってきているが、まだ実際に存在している。

こういった昨今の変化の結果、プロダクトデータの収集と分析の重要性を信じていないプロダクトマネジャーを見つけるのは難しくなった。データドリブンであることは、もはや例外的なことではない。ルールであり、ニューノーマルなのだ。そして、最高のプロダクトデータを入手し、顧客について最も多くのインサイトを得ることができるプロダクトリーダーこそが、競争上の優位性を得ることができる。

メトリクスを選択する際に重要なのは、完全性、つまり収集しようとしているデータ項目間やデータと目標との間にギャップを作らないことだ。メトリクスに関する私のお気に入りの本に、ロバート・オースティンの『Measuring and Managing Performance in Organizations（組織における業績の計測と管理）[30]』がある。ロバート・オースティンは、私が以前勤めていた企業の顧問を務めていたことがあり、データの誤用についても研究していた。例えば、人事の採用担当者が、優秀な新入社員を何人採用したかを計測せず、面接の数だけを計測した場合に起きる機能不全について、貴重な例を挙げている。つまり、優秀な候補者を見つけること（最終的な目標）よりも、面接のための面接をすることに注力してしまうという間違いが起こるという例だ。本来のビジネスとかけ離れた成果をもたらすようなメトリクスを選ば

30 Dorset house, 1996

ないように気をつけてほしい。

プロダクト主導型企業のモダンなプロダクトチームにとって、より良い計測はより良いプロダクト体験をもたらし、より良いプロダクト体験はより顧客に成功をもたらす、という価値は明らかだ。ではプロダクトリーダーは、どのデータに注目すべきかをどう把握すればよいだろうか。また、プロダクトのKPIをどのように見つけ出せばよいだろうか。本章で、これらの疑問に対する答えを探っていく。

戦略上のメトリクスとビジネスメトリクス

プロダクトマネジャーは、一般的に収益で測られることを嫌う。自分ではコントロールできない指標だと感じるからだ。プロダクトマネジャーは、需要を促進するためのマーケティング予算を持っていない。BtoB環境の例では、自身の営業チームは持っていない。自分でコントロールできない指標で責任を問われるのは公平ではない。

同時に、プロダクトチームがコントロールできるからといって、「機能の提供数」のようなアウトプットメトリクスを計測することは、知らない間に副作用をもたらす可能性がある。メトリクスを扱う際のよくある課題においては、「メトリクスの動くところに、力は注がれる」という考え方を念頭に置くのが良いだろう。機能の提供数がパフォーマンス指標である場合、プロダクトチームはどこに力を注ぐだろうか。もちろん、より多くの機能を頻繁に提供することに力を注ぐ。これにより、機能が顧客にとって有用かどうか、また組織の目標に沿っているかどうか、に焦点が当てられなくなるのだ。概して、顧客価値やビジネスインパクトに情熱を持っているプロダクトマネジャーなどを、不当に非難しているように感じられるかもしれない。それに対して、私は「口で言うだけでなく行動で示そう」と言いたいのだ。

プロダクトチームが真のビジネスメトリクスに責任を持つのは勇気のいることだ。しかし、そうすることで、組織全体での会話の質が向上し、企業を方向づけするための影響力と権限を得ることができる。そのようなビジネスメトリクスには、次のようなものがある。

収益、ARR、MRR

収益は成長の鍵となる要素であり、成長は高く評価される。サブスクリプション型のビジネスにおいて、ARR（Annual Recurring Revenue, 年間経常収益）やMRR（Monthly Recurring Revenue, 月間経常収益）ほど重要なものはない。これらはプロダクトの利用料に関連するものだ。ARRやMRRを正しく扱うことができれば、より予測可能で収益性の高いビジネスにつながる、年金のような贈り物になる可能性がある。しかし、契約期間中にその価値を示す差別化されたプロダクト（や機能や価格）の提供ができなければこの年金は得られない。責務を果たせないプロダクトは、別のプロダクトに乗り換えられてしまうリスクを永遠に抱えることになる。

コンバージョン率

多くのセルフサービスプロダクトは、無料のトライアル版やフリーミアムを提供しており、有料のプレミアムサービスオプションを付けている。オプションで有料の申し込みをした顧客の割合を、一般的にコンバージョン率と呼ぶ。ARRやMRRの合計が最終的な指標になるが、コンバージョン率を継続的に計測する方が簡単な場合もあるだろう。

CAC

CAC（Customer Acquisition Cost, 顧客獲得単価）とは、顧客を獲得するために必要な金額のことだ。これは、顧客を獲得し、有料顧客へコンバージョンさせるために必要なマーケティングと営業の費用を合計して算出する。プロダクト主導型企業では、CACを下げるためにコンバージョン率に注力するのが一般的だ。また、BtoBや営業志向の企業では、プロダクトのトライアルがCACに大きな影響を与えることもある。

LTV

LTV（Lifetime Value, 顧客生涯価値）とは、顧客に関連する将来の潜在的な収益の指標であり、顧客維持と拡大の想定を踏まえてモデル化する。例えばBtoB企業の場合、最初の取引において想定される契約の拡大（追加プロダクトのクロスセルや、他の部門やビジネスユニットでの新しい導入）と、さらに複数年、継続する関係を想定して掛け合わせる。プロダクトチームがLTVに良い影響を与えるには、粘着性があり、導入した組織全体に広まる可能性があるような、素晴らしいプロダクト体験を初期に作る必要がある。

NRR

NRR（Net Revenue Retention, 売上継続率）とは、顧客基盤からの経常収益の変化率のことだ。一般的には100%を超える値が期待される。NRRは、少数の顧客を失うことはあっても、維持している顧客との関係の中で価値を拡大する方法を見つけられるという前提に立っている。NRRを最大化するためには、プロダクトチームは顧客の減少の原因と拡大の先行指標[25]に目を配り、離脱を減らし、拡大の機会を増やすためにプロダクトやパッケージングの意思決定をしなければならない。

売上総利益

売上総利益は、売上高から売上原価（COGS, Cost of Goods Sold）を差し引いて計算される。ソフトウェア企業の場合、このCOGSには、研究開発費の償却費用や、プロダクトがクラウドで稼働している場合のインフラやホスティングに関連する費用なども含まれる。プロダクトチームは、売上総利益の最適化に貢献するために、効率的なリソースに関する意思決定（自分たちで作るのか、購入するのか、パートナーシップを結ぶのか）を行い、クラウドホスティングやデータ処理のコストを最小限に抑えるための投資を行う必要がある。

収益性

ビジネスの収益性とは言うまでもなく、すべての収入から支出を差し引い

25　訳注：ある別の指標に先立って変化する指標のこと。プロダクトにおける先行指標では、本章でも取り扱われる「機能の定着率」や「利用状況」などがこれに相当する。逆に、遅れて変化する指標は先述した「遅行指標」である。

たものだ。売上総利益とは異なり、これには営業費用やマーケティング費用も含まれる。プロダクト主導型企業では、手頃な価格のセルフサービス・パッケージを提供することでこれらの費用を削減し、顧客が摩擦の少ない方法で（多くの場合、営業の介入なしに）ソフトウェアを導入できるようにし、時間の経過とともに利用率を高めていく仕組みを提供することが多い。世界で最も収益性の高い企業の中には、優れたプロダクトが自らを売り込むような形にすることで、営業モデルを効果的に切り拓いているところもある。

Winレート

Winレートとは、プロダクト開発と市場投入の投資に対する利回りと考えてほしい。利回りが高ければ高いほど良いポジションにいることを意味する。低い場合は、それだけ課題があるということだ。戦略は市場での競争力を高めることかもしれないが、そのためには、競合他社との競合回数（特定の市場で、見込みのある競合他社として認識されていることを示す）やWinレートを追うことが必要だ。もちろんこの計測は、全競合他社に対してでも個別に対してでも行うことができる。一般的にWinレートは営業チームが手作業で記録したデータをもとに計測されるため、データが正しく整っていることを確認するプロセスを導入することが重要になる。

運用指標

上述した戦略上のメトリクスやビジネスメトリクスは、企業の目指す指標であるべきだが、これらの大部分は遅行指標だ。こうした指標はアウトプットや成果を計測するためには重要だが、期中に軌道修正を行うことができない。そこで、プロダクトチームは先行指標を計測し、目標を設定する必要がある。そのためにはより深く掘り下げて、ビジネス成果と相関のあるプロダクトの運用指標を特定する必要がある。ここでいくつかの指標を考えてみよう。

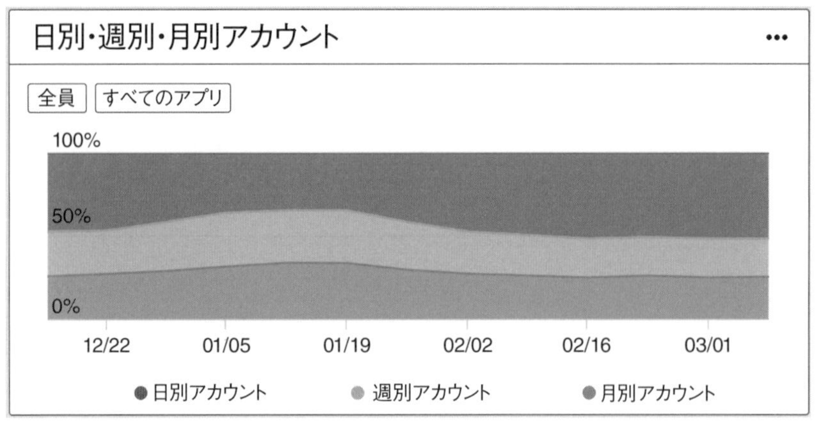

図2.1 | 利用状況チャート　出典：Pendo

時系列での利用状況

SaaSアプリの成功は顧客維持にかかっており、顧客維持は利用状況にかかっている。利用状況は、多くの場合、次のような一連の関連する指標で計測される。MAU（Monthly Active Usage, 月間アクティブ利用状況）、WAU（Weekly Active Usage, 週間アクティブ利用状況）、DAU（Daily Active Usage, 日間アクティブ利用状況）だ。MAU、WAU、DAUは、その名が示す通り、プロダクトのアクティブな利用状況を示す指標で、ユーザーエンゲージメントを計測する最も一般的な方法だ。少ないよりも多い方が良いのだろうか？　多くのケースでそうだが、常にそうとは限らない。エンゲージメントが多いことが摩擦の指標となることもある。つまりユーザーがタスクやワークフローの完了に必要以上の時間を費やしていることを示している場合があるのだ。これらのメトリクスを使用するためには、企業はまず、自社の特定のプロダクトでの「アクティブな利用状況」が何を意味するのか定義する必要がある。例えば、Facebookのようなソーシャルネットワークではを注意深く監視している一方で、Airbnbのようなサービスではプロダクトの利用状況として別のKPIを設定するだろう。一般的に人は毎日旅行をしないからだ。（図2.1参照）

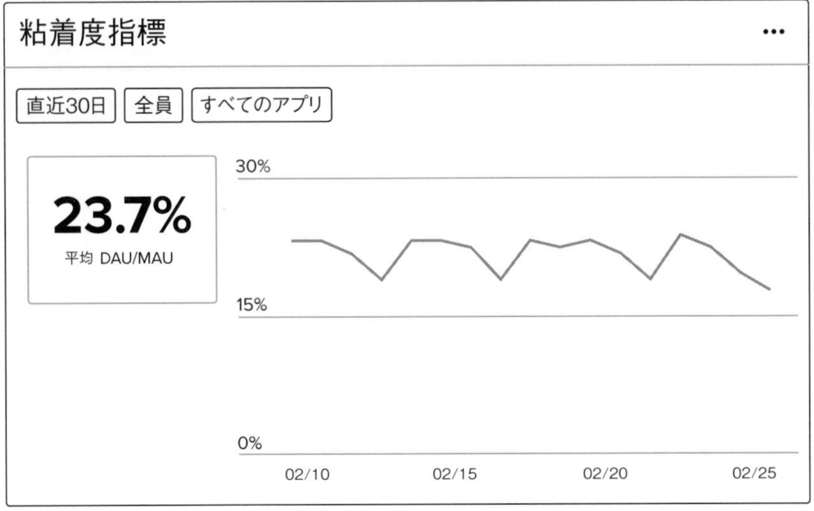

図2.2 粘着度チャート　出典：Pendo

粘着度

プロダクトリーダーには、新しいユーザーを惹きつけるだけでなく、時間が経っても継続的に利用してもらえるようなプロダクトを作る責任がある。これが、プロダクトの粘着度を示すメトリクスだ。プロダクトに粘着性があれば、ユーザーは散発的にサインアップしたりログインしたりするだけでなく、プロダクトの中で生活しているかのようになり、そのプロダクトが習慣化する。もちろん、先述した原理が同じく当てはまるだろう。つまり利用者が多いからといって、ユーザーがより多くの価値を得ているとは限らない。しかし、図2.2に示されている粘着度の指標は、月間ユーザー数に対する毎日の利用率を見ることで、プロダクトの中で形成されているユーザーの習慣に焦点を当てているという意味で他の指標よりも有用である。別の言い方をすれば、粘着度は月間ユーザーのうち、毎日戻って来てくれるユーザーの割合で測られる。しかし、絶対的なスコア自体よりも、スコアを伸ばすことと、どのような変更がスコアに影響するかを理解する能力の方が重要であることは間違いない。

機能の定着率

すべてのプロダクトチームは、自分たちがリリースした機能が顧客に定着するよう望んでいる（もしくは、期待している）。しかし、残念ながら、そうなるとは限らない。80%以上の機能が、ほとんど、あるいはまったく使われていないことを思い出そう。これらの機能に関連するコスト（そして機会損失）を考えると、こうした気づきがビジネスに与える影響は驚異的だ。だからこそ機能の定着率を計測し、目標に設定することが重要なのだ。

分析ツールで過去のデータを調べ、最近リリースした機能の定着率を比較してほしい。リリースから30日後の機能継続率も見て、離脱のパターンをより深く理解するとよい。例えば、最近リリースした2つの大きな機能を振り返ってみると、リリース初期の機能の定着率が約45％と50％だったとする。しかし、マーケティングキャンペーンの効果が薄れた後は、定着率が約10％低下し、その後一定に推移した。今後の機能導入の目標を設定する前には、このようなデータを収集しておくと良いだろう。

機能の定着状況の計測においては、粘り強さが効果をもたらす。例えば、組合や商工会議所向けに会員管理やバックオフィスのソフトウェアを提供しているMemberClicks社[31]は、新しい検索機能をリリースし、その機能を利用した顧客に、7回のアンケートを実施した。7回のユーザーからのフィードバックごとに、検索機能を繰り返し改善し、最終的に5点満点で4.6点の評価をユーザーから受けた。

機能の定着状況は、アカウントレベルとユーザーレベル両方で確認することが大切だ。ユーザーレベルで機能の定着状況を計測すれば、ターゲットとなるペルソナの行動を理解することができる。一方で、アカウントレベル（つまり企業レベル）で機能の定着状況を計測すれば、役割によって当該の機能を必要としなかったケースを除外できる（図2.3を参照）。

ここで朗報がある。Pendoが毎年実施している「プロダクトリーダーシップの現状」調査では、プロダクト担当者は成果の主要な指標としてリリース

31 https://www.memberclicks.com/

した機能数を挙げることが多いと述べた。私たちはこの点についていつも残念に思っていたのだが、最新の調査では、こうした状況に変化が起きていることが確認できて勇気づけられた。プロダクトリーダーたちはこうしたメッセージを受け取ってくれているようだ。今では、プロダクト担当者は、成功を測るためのKPIとして、他のどのメトリクスよりもプロダクトの定着状況と利用状況を重視している。これは本当に良いニュースだ。

機能継続状況

プロダクトが、偶然にユーザーの日常生活の一部になることはない。プロダクトの粘着性がユーザーやアカウントの離脱の予測（と防止）に役立つことはすでに述べた。これと同じことは機能レベルでも当てはまる。どの機能がユーザーのリピート率を高めているかを理解すれば、ユーザーの利用頻度を高めるための具体的なアクションを取ることが可能になる。究極的には、プロダクトの幅広い機能においてユーザーに価値をもたらしたいと思うことだろう。機能継続状況を監視することで、リスクのあるユーザーを特定し、そうしたユーザーがより成功するための機能を明らかにできる（図2.4参照）。

機能継続率を異なるユーザーのセグメントで比較すると、プロダクトに関

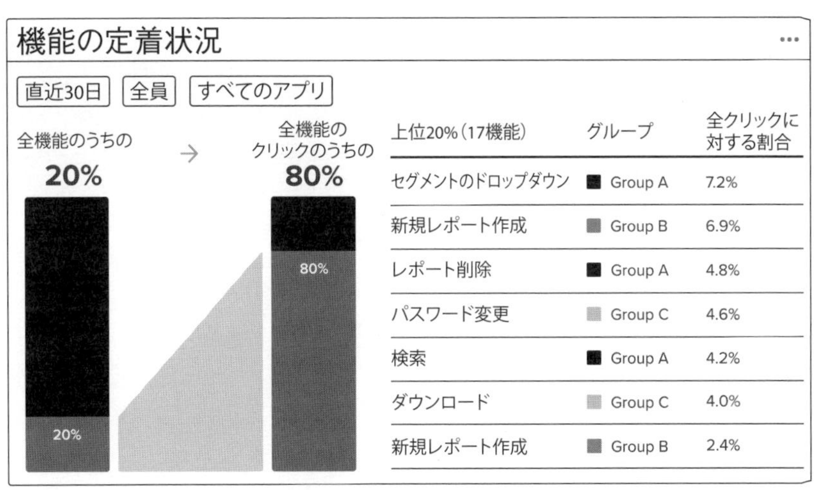

上位20%（17機能）	グループ	全クリックに対する割合
セグメントのドロップダウン	Group A	7.2%
新規レポート作成	Group B	6.9%
レポート削除	Group A	4.8%
パスワード変更	Group C	4.6%
検索	Group A	4.2%
ダウンロード	Group C	4.0%
新規レポート作成	Group B	2.4%

図2.3　機能の定着チャート　　出典：Pendo

する重要なインサイトが得られることがある。結局のところ、異なるタイプの人々や企業ごとに、当然ながらプロダクトの利用方法はある程度異なるからだ。無料ユーザーか有料ユーザーか、スタートアップか大企業か、プレイヤーか経営者かなど、異なるセグメントを分析して、プロダクト内での行動がどのように異なるのかを判断することが重要だ。

広さ、深さ、頻度

Pendoでは、プロダクトの利用状況の健全性を測るために、表2.1に示す3つの鍵となる指標を使っている。広さ（Breadth)、深さ（Depth)、頻度（Frequency）だ。これらを総称して「BDF」と呼んでいる。

BDFフレームワークを使うことで、プロダクトの健全性を総合的に評価することができるようになる。さらに、各機能のBDFスコアを計算することで、機能の利用状況を客観的でインサイトに満ちた方法で比較できるよう

コホートタイプ	コホートサイズ	メトリクス	セグメント	日付範囲
訪問者	1カ月	すべての活動	全員	直近6カ月

機能継続率

コホート	0カ月後	1カ月後	2カ月後	3カ月後	4カ月後	5カ月後	6カ月後
全員 訪問者数 14,043	100%	32%	23%	17%	10%	5%	1%
8月 訪問者数 2,268	100%	41%	36%	32%	27%	28%	5%
9月 訪問者数 2,339	100%	41%	34%	31%	29%	4%	
10月 訪問者数 2,595	100%	36%	30%	30%	4%		
11月 訪問者数 2,154	100%	37%	33%	5%			
12月 訪問者数 1,895	100%	39%	6%				
1月 訪問者数 2,791	100%	4%					

図2.4 ｜ 機能継続状況チャート　出典：Pendo

になる。

プロダクトのパフォーマンス

動作の遅いプロダクトを好む人はいない。パフォーマンスメトリクスは通常、エンジニアリングやDevOpsに関する指標だが、遅いプロダクトは体験の悪さにつながる。

プロダクトの不具合

プロダクトの品質は体験に影響を与えるため、顧客は不具合の多いプロダクトを論外だと感じるものだ。多くの場合、私は顧客から報告された不具合を確認したいと思うのだが、顧客が何かを報告しないからといって、顧客が不具合を発見していないとは限らない。もし、顧客が不具合を発見していた場合には、顧客に何らかの印象を残してしまったことだろう。

タスク完了状況

多くのプロダクトに、タスクを完了するという概念が組み込まれている。Pendoの設立初期には、多くのアドテク企業と提携していた。広告キャンペーンの作成と実施は、ファネルと呼ばれる複雑なマルチステップのプロセスだ（ファネルについては第８章「価値を届ける」で詳しく説明する）。私た

指標	定義	計測内容
広さ	顧客の中でプロダクトを利用しているユーザーの数	顧客の過去30日間における、アクティブユーザー数
深さ	顧客が「定着」の鍵となる機能を使っているかどうか	顧客維持の先行指標となる５～８つの主要機能の利用状況
頻度	顧客がどのくらいの頻度でプロダクトにアクセスしているか	顧客の過去30日間における、全ユーザーのログイン回数

| 表2.1 | 広さ、深さ、頻度の３つの指標　　出典：Pendoブログ

ちは、顧客のタスクの完了を手助けできるかどうかによって、自分たちの成功を測る必要があると学んだ。どこでよくつまづくのかを理解し、そうしたつまずきを解決することで、タスク完了率を向上させることができた。

定性的なメトリクス

プロダクト内におけるユーザーの動向をより完全かつ正確に把握するためには、ユーザー行動の定量的な計測に加えて、ユーザーの感情などの定性的な計測も行いたいと考えるだろう。この定性と定量の組み合わせ、つまりユーザーがプロダクト内で何をしているか、そしてプロダクトをどのように感じているか、の両方を明らかにすることで、ユーザーインサイトの循環が完成する。(3つ目の要素は「ユーザーが何を望んでいるか」で、これについては本書の3つ目のセクションで取り上げる)。ここでは、プロダクトチームが利用できる、感情に関する一般的な尺度をいくつか紹介する。

リッカート尺度

心理学者のレンシス・リッカートにちなんで名付けられたリッカート尺度は、よく使われる調査手法だ。あなたもリッカート尺度を使って質問に答えたことがたくさんあるだろう。リッカート尺度による選択肢の数はさまざまだが、最も一般的なものは5段階の尺度だ。

例えば、次のようなものだ。「この本は、ソフトウェアの設計、構築、進化に関して、私の考え方を変えた。」

1　非常にそう思う
2　そう思う
3　どちらでもない
4　そう思わない
5　まったくそう思わない

ネット・プロモーター・スコア

第1章で少し触れたNPS（ネット・プロモーター・スコア）は、良くも悪くも、プロダクトチームが感情を計測するためのデファクトスタンダードとなった。NPSは、ネット・プロモーター・システムの手法を用いたもので、Bain and Company社のフレッド・ライクヘルドが2003年のHarvard Business Reviewの記事「The One Number You Need to Grow（あなたが伸ばすべき、たった1つの数字）」で初めて紹介されたものだ。その後、NPSは複数のベストセラーのビジネス書で取り上げられた。NPSは、最も基本的には、顧客が企業やプロダクトを支持する意思があるかどうかを示す尺度だ。ライクヘルド氏が示す核心的な前提とは、ユーザーがプロダクトやブランドを支持するために、自分の評判を賭けてもらうことができれば、複雑な満足度調査を、以下のようなたった1つの質問に置き換えることができる、というものだ。

「あなたが［プロダクトやブランド］を友人や同僚に勧める可能性はどれくらいありますか？」（図2.5参照）。

NPSの手法では、9と10を推奨者（プロモーター）、7と8を中立者（パッシブ）、0から6を批判者（ディトラクター）とみなす。NPSスコアは、

| 図2.5 | アプリ内NPSアンケートの例　　出典：Pendo

推奨者のパーセンテージから、批判者のパーセンテージを差し引くことで算出する。Bain and Companyなどの調査では、この１つの質問と数値に注目することで、ビジネスの成果、すなわち、顧客維持とライフタイムバリューの向上につながることが示されている。現在、多くの企業が顧客のロイヤルティを測る指標としてNPSを利用している。

NPSをアカウントレベルで計測することで、顧客がどれだけプロダクトを推薦したいと思ってくれているかを大まかに把握できる。さらに、アカウントレベルのNPSを、プロダクトの利用状況やアカウントの規模と比較することで、どの顧客の解約リスクが高いのか、という行動に移すことができるインサイトを得ることができる。また、NPSスコアがないアカウントを特定し、そうしたアカウントの感情を測る別の方法を見つけることもできる。NPSの利点は、同じ業界や同じセグメントの他の顧客と、自社のスコアを比較して評価できるところにある。

また、顧客がプロダクトを使用する時にメッセージを出すことも、調査への反応率を高める効果的な方法だ。例えば、採用・応募者の追跡ソフトウェアを提供するSmartRecruiters社[32]は、顧客が自社プロダクトをどのように利用しているかをほとんど把握していなかった。そこで、Eメールによるアンケートに代えて、アクティブユーザーにアプリ内でNPSアンケートを実施した。その結果、アンケートへの参加率が1,300%向上し、長期的な傾向を把握してプロダクトの改善につなげることができた。

ユーザーレベルのNPSで、ターゲットとなるペルソナの感情を把握することもできる。まさにそうしたペルソナのためにプロダクトを設計したのだから、ユーザーレベルのNPSスコアは、アカウントレベルのスコアを上回ることが予想される。

ユーザーレベルのNPSを最大限に活用するためには、NPSアンケートの中にユーザーがコメントを入力できるセクションを必ず設けてほしい。これらのユーザーからの「言葉」は、スコアの数値に対する価値のある背景情報になる。

---

32 https://www.smartrecruiters.com/

非常に不満　どちらかというと不満足　どちらとも言えない　どちらかというと満足　非常に満足

図2.6　顧客満足度スコア　出典：Pendo

最後に、NPSは、潜在的にブランドのアドボケイトになる人を特定する優れた方法だ。やり手の企業は、推奨者に連絡を取り、レビューや推薦をお願いしている。また、さらに抜け目のない企業は、批判者にも連絡を取り、理想的なプロダクト体験を提供できていない理由を学ぼうとする。

誤解しないでほしいのだが、NPSは万能ではない。私に言わせれば、このたった1つの質問が「他のすべての質問に取って代わることができる」という、NPSが作られた時の前提には少し問題がある。顧客の満足度、ロイヤルティ、プロダクトへの支持を本当に理解するには、さまざまなメトリクスが必要だ。そういった指標のいくつかを以下で説明する。

顧客満足度スコア

CSAT（Customer Satisfaction Score、顧客満足度スコア）は、最もわかりやすく直感的な満足度の尺度だ。「全体として、本書にどれくらい満足していますか？」のように質問し、シンプルなリッカート尺度を使用する。（図2.6参照）。

カスタマー・エフォート・スコア

CES（カスタマー・エフォート・スコア）は、顧客の労力とロイヤルティの関係を理解する方法として、また、顧客の感情を形成するデジタル体験の急激な増加へ対応する方法として、2010年にCEB社（現在はGartnerの一部）によって紹介された。CESは、ユーザー体験のチェック指標として、特にプロダクトの対象領域を理解するためによく使われる。特定のユーザー体験に焦点を当てた、リッカート尺度による調査と考えてほしい。CESでは、一般的に5～7段階のリッカート尺度が用いられる。例えば「この章で、感情を計測する選択肢について理解することが容易になった」と質問し、図2.7のように回答してもらう。

システム・ユーザビリティ・スコア（SUS）

システム・ユーザビリティ・スコアは、1986年にジョン・ブルックによって考案された。ウェブサイトのユーザビリティを、ユーザーの協力を得ることで迅速かつ簡単に評価する方法だ。

SUSはリッカート尺度に似ており、10個の質問に対して、どれだけ同意するかをランク付けして回答してもらう方法だ。「完全に同意する」を５、「まったく同意しない」を１とする。

以下の質問はテンプレートであり、自社のプロダクトやウェブサイトに合わせてカスタマイズするのが良いだろう。

1 このシステムを頻繁に利用したいと思う。
2 このシステムは不必要に複雑だと思う。
3 このシステムは使いやすいと思う。
4 このシステムを使いこなすには、技術者のサポートが必要だと思う。
5 このシステムのさまざまな機能はよく連携していると思う。
6 このシステムには一貫性がなさすぎると思う。
7 このシステムをほとんどの人がすぐに使いこなせるようになると思う。
8 このシステムを使うのは非常に面倒だと思った。
9 このシステムを使うことにとても自信がある。
10 このシステムを使いこなすには、多くのことを学ぶ必要がある。

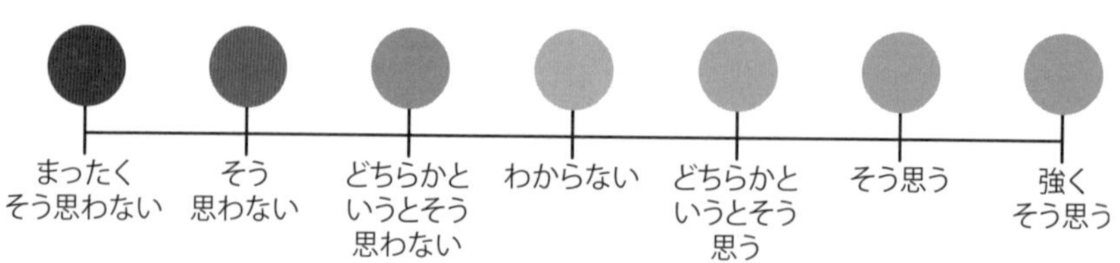

図2.7 カスタマー・エフォート・スコア 出典：Pendo

ユーザービリティ・スコアを計算するには、次の式を使用する。

奇数番号の質問は、スコアの数字から1を引き、偶数番号の質問については、5からスコアの数字を引く。それらをすべて足し上げた後、2.5倍する。その結果が、100点満点中のユーザビリティ・スコアとなる。

このスコアを、同業他社との比較のためのベンチマークとすることで、自社のユーザビリティを評価できる。全体の平均スコアは68点なので、自社のユーザビリティが平均以上なのか、平均以下なのかを素早く判断する方法として利用できる。

プロダクト・マーケット・フィット・メトリック

Superhuman[33]というメールプロダクトは、その素晴らしいプロダクト体験からとても評判が良い。創業者のラウル・ボラは、彼らがプロダクト・マーケット・フィットをどのような先行指標で測ったかについて、インサイトに満ちたブログ記事を掲載した。高成長ソフトウェア企業のグロース責任者であるシーン・エリスが考えた方法で計測したのだ。ユーザーに「このプロダクトを使えなくなったら、どう感じますか」と質問するのだ。「とても残念」「やや残念」「まったく残念ではない」の3段階での回答を評価する。もちろん、「使えなくなったら残念」という気持ちが強ければ強いほど、そのプロダクトへの愛着も強いということになる。エリスの方法論によれば、プロダクト・マーケット・フィットしているかどうかのマジックナンバーは40%だそうだ。つまり、40%以上の回答者が「とても残念」と答えれば、プロダクト・マーケット・フィットが達成されたといえる。

他のモデルでも参考になることだが、この分析の鍵は、回答をセグメント化することだ。例えば、Superhumanは早い段階で、ある特定の職種の人にはプロダクトが適しておらず、プロダクトを使えなくなっても「非常に残念」とは思わないことに気がついた。Superhumanのプロダクトチームは、プロ

33 https://superhuman.com/

ダクトが使えなくなることを残念に思うようなペルソナに焦点を当てて取り組むことで、企業の成長をより強力に、より集中的に推進することができた。

まとめ

設定したプロダクトの目標を達成するためには、目標達成の進捗状況を正確に計測するためのメトリクス群が必要だ。本章では、プロダクトの影響を収集し計測するための、戦略上、運用、顧客中心的なメトリクスの選択肢をいくつか提示した。次の章では、収集したデータや情報をどのように実用的なインサイトに変えるかを説明する。

CHAPTER 3
顧客データをインサイトに変える

前の2つの章では、たくさんのメトリクスを洗い出した。何から始めればいいのか、どのようにこれらのメトリクスからインサイトを集めればいいのか、と考えているのではないだろうか。時系列データは、誰もが最初に理解すべき良い出発点となるだろう。どのようなメトリクスであっても、時系列で見ることで、インサイトを発見できる。また、複数の期間を比較して、変化の影響を把握することもできる。時系列データはよく知られて、よく理解されているので、多くの助けになるだろう。しかし、時系列データは全体像を示すものではなく、正直なところ、根本原因を特定するのに十分な詳細情報を提供していないことが多い。

「真の革新者は、顧客の要望を聞かない。なぜなら、顧客は自分が何を必要としているのかわかっていないし、それを表現する言葉も持っていないからだ」という古い言葉がある。しかし、私たちのデータによると、プロダクトマネジャーはこの言葉とは逆に、自分が必要だと仮定したものよりも、顧客が明確に要求したものに基づいて意思決定を行っている。

ここでは、時系列データかそうでないかにかかわらず、顧客に関するインサイトを深掘るための、手法をいくつか紹介する。プロダクトの意思決定を行うための適切なデータとなるだろう。

セグメンテーション

セグメンテーションとは、業界、規模、地域、ペルソナ、ユースケース、プロダクトの利用状況などの共通項によって顧客を分類することだ。このようにさまざまな条件で顧客をグループ化することで、トレンドを調べたり、ベンチマークを設定することができる。例えば、プロダクトチームはトレンド情報を利用して、コンバージョンをした顧客としなかった顧客の利用状況を理解し、将来のプロダクトの意思決定に役立てることができる。

セグメンテーションは、顧客の中からある対象者の集合を把握する非常に効果的な方法だ。おそらく、顧客データを切り分ける際の最も強力な方法の1つだ。顧客を小さなグループに分けると、より良い結果を導くためにどうすれば良いかを、より多く学ぶことができる。

アカウントマネジャーなら、こういったベンチマークを利用して、比較対象となる顧客に、良い成果が得られるアクションを教えられるだろう。マーケティングチームなら、顧客のセグメントごとに、パーソナライズした販促資料やメッセージを打ち出せる。目標は、できるだけ均質なユーザーのセグメントを作り、同一セグメントのユーザーがプロダクトで同じ行動を取り、同じような結果になる可能性を高めることだ。

では、どのようにして適切なセグメントを決めればよいだろうか？　プロダクトマネジメントの専門家であるローマン・ピヒラーは、2つの基本的な選択肢があると言っている。1つは、企業のステージ、地域、業界などの特性によるセグメント、もう1つは、プロダクトが特定のニーズやジョブをどのように満たすかという、価値によるセグメントである。ピヒラーの提案では、何か新しいものを作ったり、立ち上げたりするときには、まず価値でセグメントし、次にそのセグメントを顧客の属性やその他の共通項で絞り込むのが良いとしている。

セグメンテーションの有効性を示す良い事例が、Pendoを立ち上げて間もない頃にあった。それは一部のユーザーに、コンテンツを読み取り専用に制限するという機能に関するものだった。プロダクトを開発している私たちは、この機能のオプションを有効にしておらず、完全な編集権限があるまま使っていたため、この機能のことをあまり気にかけていなかった。しかしネット・プロモーター・スコアの分析の際に、読み取り専用機能を使っている顧客とそうでない顧客に分類してスコアを比較してみると、読み取り専用機能を使っているユーザーは、他のユーザーに比べて評価が非常に低いことがわかったのだ。つまり、このようにユーザーをセグメント化することで、開発している自分たちでも気づいていなかった大きな問題を発見したのだ。自分たち自身はそのような使い方をしていなかったので、この問題に取り組むべきであることを認識していなかった。

ソフトウェアの無料トライアルを提供している企業にとっても、セグメンテーションは非常に有効だろう。無料ユーザーがプロダクトの機能をどのように使っているのか、有料ユーザーとの違いを分析することで、無料ユーザーのコンバージョン率を高める方法が見えてくるだろう。

また、BtoBの顧客を対象としている場合、顧客の規模（小規模、中規模、大規模）に応じてセグメント化することで、提供できている価値（または提供できていない価値）を明らかにできるだろう。例えば、大企業向けに拡大しようとしているものの、大企業の顧客が中小規模の顧客ほどプロダクトを利用していないことがわかれば、そうした状況を改善するためのユースケースが見えてくるのだ。新しい機能を導入した際に、セグメンテーションにより、主要なターゲット層が特に満足していることがわかれば、こうした戦略の有効性を確かめられるだろう。また同様に、実験を行うべき領域を特定するのにも役立つだろう。

実験

実験は決して目新しいアイデアではない。Google、Facebook、Netflixなど、人気の一般消費者向けのアプリケーションは、定期的に実験を行っている。プロダクトマネジメント組織は、実験を通して、顧客体験のために開発にかけた努力のインパクトを正しく計測することができる。多くのビジネスリーダーは、ファネルへの流入からコンバージョンまでの比率や、見積もりから購入までの比率などの指標を計測する際に実験を利用している。Forrester社のアナリストであるクリストファー・コンドは次のように表現している。

> ビジネスリーダーは、プロダクトチームと協力して、どの機能が最も顧客の共感を得られ、同時に重要なビジネス目標を満たすかという仮説を立てた。これらの実験は、ユーザーインターフェースの小さな変更から、新しいワークフローの導入のような大きな変更まで多岐にわたった。いずれの場合も、このアプローチでは、変更のレベルを、90日などの短期間で実現可能なスコープにまで小さくする必要があった[34]。

チームが実験の整理と構築をするためのツールの１つに、「実験キャンバス」と呼ばれるものがある（図3.1参照）。

私もこれまでのキャリアの中で、図3.1のような実験キャンバスをたくさん使ってきた。実験キャンバスは、何をテストしようとしているのか、そしてそのテストをどう準備するのかを明確にするのに役立つ。

第１章で説明したように、終わりを思い描くことから始めるのが大切だ。仮説を立て、「誰を対象とした実験なのか」「実験への参加の表明をユーザーに尋ねるのか、それとも無作為に抽出するのか」といった問いかけに答えよう。実験を実行する際には、信頼区間[35]の設定をすることと、結果が統計的に有意であるかどうかを理解することが非常に重要だ。

そういった要素を事前に考えておいてほしい。仮定が正しい（または間違っている）と証明するためには、どのような条件が必要なのかを考えておくのだ。そして、おそらく同様に重要なことは、その次に何をするかを決めることだ。この領域でこれまでの倍の成果を上げるために十分な知識を得られ

34　Christopher Condo, “Sync Developers With Business Needs,” Forrester, January 6, 2020

35　訳注：統計学の言葉で、データの平均（標本平均）から母集団の平均（母平均）の範囲を推定する指標のこと。例えば、95%信頼区間とは、95%の確率で母平均がその範囲に含まれることを表す

実験キャンバス	
最もリスクの高い仮定	結果
反証可能な仮説 仮説を構築する 私たちは 〈明確でテスト可能なアクション〉により 〈明確で測定可能な結果〉が 〈時間軸〉の間に 生じることを信じている	結論 □ 正しいと検証済み □ 誤っていると検証済み □ 結論なし
実験の準備	次のステップ

図3.1 実験キャンバスのテンプレート　出典：Pendo

ただろうか？　それとも別の領域に移る必要があるだろうか？

まず思いつく実験の定番はA/Bテストで、とても便利なものだ。例えば、どの色のボタンがページの利用率を高めるか、どの文章のバリエーションがワークフローを完了させるのに適しているか、といったようなシンプルなものになるだろう。

第12章「ローンチと定着の促進」で詳しく説明するが、「機能フラグ」を使った実験がある。ユーザーを無作為にトリートメントグループとコントロールグループに振り分ける。トリートメントグループにはある機能へのアクセスが与えられ、他方、コントロールグループには当該機能へのアクセスは与えられない。プロダクトのデータ収集機構がユーザーのメトリクス（またはKPI）データを取得し、統計エンジンがトリートメントグループとコントロールグループの間のメトリクスの差を計測する。その結果として、ある機能がチームのメトリクスに（単に相関があったかではなく）変化をもたらしたかを判断する。チームのメトリクス（チームに関係しないメトリクスであっても同じことが言えるが）の変化は、良いものにも悪いものにも、意図したものにも意図しないものにもなりえる。こういったデータがあれば、プロダクトチームやエンジニアリングチームは、ある機能の改善を重ねたり、リリース対象を広げたり、あるいはあるアイデアを捨てるという判断もできる。このようにして、価値あるアイデアだけが生き残るのだ。

効果的な実験を行うには、実験の実行方法を規律あるものにする必要がある。代表的な例は、結果を計測するグループと、対照となるコントロールグループを設定することだ。開発者が、全ユーザーを対象に実験を行っているのを見たことがある。しかしその場合、実際に何がユーザーの行動を変えたのか、どうやって確信を持てるのだろうか？

また、実験を行う際に心がけるべきことに倫理がある。先ほど、ユーザーに実験への参加の表明してもらう場合があると述べたが、ユーザー（特にプロダクトにお金を払っているBtoB顧客）の中には、実験のモルモットにされることを嫌がる人がいるかもしれない。その一方で、開発パートナーとして喜んで引き受けてくれる顧客もいるかもしれない。いずれにせよ鍵となるのは、前もって実施する実験についてオープンにしてからお願いをすることだ。

コホート分析

セグメントを設定したら、コホート分析を始めよう。これはプロダクトマネジャーの重要な仕事の1つだ。コホート分析では、セグメントをさらに細分化して、共通の特徴を持つユーザーをグループ化し、各コホート間の行動やメトリクスを比較する。

各コホートは、ユーザーが初めてアプリケーションにアクセスやログインをしたタイミング、あるいは特定の機能を初めて使用したタイミング、などに基づいてセグメント化することが多いだろう。コホート分析では、異なるコホートの行動を長期的に比較することで、最も成功しているユーザーの特徴を見つけ出すことができる。そして、どのような活動がユーザーを成功に導いているかを学ぶことができる。

コホート分析は、コンバージョンを促進するための強力なツールになる。マーケティング担当者なら、あるキャンペーンやチャネル、ページが、カジュアルな閲覧者をデモ体験の登録にまで導けたかどうかを確認できるだろう。さらにプロダクトチームのメンバーなら、プロダクトのデモ体験のどの部分が見込み顧客を顧客にコンバージョンさせたのかを調べることができる。そして、プロダクトのどの部分がエンゲージメントを促進しているのかを学ぶことができるのだ。カスタマーサクセスチームなら、パフォーマンスが最も高いユーザーと最も低いユーザーのコホートを調べ、顧客の健全性、さらには顧客維持状況も追跡することができるだろう。

コホート分析は一般的に、ユーザーのセグメントが時系列でどのように行動しているかを視覚化されたデータで表現する。2つの軸で構成され、一方の軸がコホート、もう一方の軸が時間の範囲となる（図3.2参照）。

コホート分析ツールでは、通常、以下の項目に基づいてレポートが作成できる。

コホートの種類：ユーザーまたはアカウント

コホートのサイズ：開始日やアクションによってグループ化したユーザーまたはアカウントの数

顧客の属性：規模、ビジネスモデル、プランの種類

ユーザーの役割：ユーザーの所属する部門

日付の範囲：コホートごとの活動に関する、週、月、四半期、またはより長期の特定のメトリクス

コホート分析は、アプリケーションに変更を加え始めたときにも有用なツールとなる。例えば、広範囲のプロダクトアップデートを行った場合、特定のコホートがその変更にどのように反応しているかを調査することができる。ツールチップやガイド機能を特定のコホートにのみ展開した場合、その結果として行動の変化があるかを調べることもできるだろう。

また、コホートがあれば、実験でさまざまな方法をとれるようになる。日、週、月といった時間単位でコホート分析を詳細化することで、貴重な知見を

コホート	0カ月後	1カ月後	2カ月後	3カ月後	4カ月後	5カ月後	6カ月後	7カ
全員 訪問者数 2,317	100%	97%	75%	74%	65%	63%	64%	63%
9月 2018 訪問者数 234	100%	84%	74%	73%	65%	63%	63%	63%
10月 2018 訪問者数 213	100%	89%	67%	74%	53%	52%	53%	19%
11月 2018 訪問者数 192	100%	94%	62%	74%	65%	56%	43%	63%
12月 2018 訪問者数 198	100%	99%	83%	74%	65%	63%	63%	19%
1月 2019 訪問者数 167	100%	92%	54%	47%	46%	46%	23%*	17%*
2月 2019 訪問者数 291	100%	88%	67%	32%	33%	17%*	16%*	
3月 2019 訪問者数 98	100%	82%	46%	28%	19%*	19%*		
4月 2019 訪問者数 122	100%	97%	44%	34%*	18%*			
5月 2019 訪問者数 113	100%	97%*	26%*					

図3.2 コホート分析チャート　出典：Pendo

得ることができるだろう。実験を効果あるものにするには、実験やプロダクトの変更がそれらのコホートに与える影響に目を向けることが鍵となる。例えば、プロダクトを週次でしか更新していないのであれば、毎日コホートを分析しても意味はない。目標は、プロダクトの変更後のグループが以前のグループよりも良い体験をしているかどうかを特定することだ。

新しい期間ごとに、そうしたコホートがどのように行動しているかを分析し、そこからのインサイトをもとに、そのグループのプロダクトの利用状況が時間の経過とともにどのように変化するかを分析できるだろう。また、コホート分析は、ユーザーがプロダクトに「戻ってくる」かどうかを観察する、いわゆる「顧客維持分析」の一部にもなる。

もちろん、ユーザーの維持を念頭にプロダクトを設計しない時もあるだろう。典型的な例としては、年に一度、確定申告書を提出することを目的とした税務ソフトがある。提出できたらユーザーに二度と戻ってきてほしくないだろう。もう1つの例は、入学希望者が大学の願書を提出するためのソフトウェアだ。提出できたら、もう戻ってきてもらう必要はない。

定性データと定量データを組み合わせる

優れたプロダクトリーダーは、定性データと定量データを組み合わせて意思決定を行う。プロダクトの利用状況や機能の定着状況を分析して得られたインサイトと、顧客からのフィードバックや感情、機能要望を組み合わせる。前者はユーザーが何をしているのかを明らかにし、後者はなぜそうしているのかを明らかにする。これら両方を調査することで初めて、顧客の課題を本当に理解することができ、その課題を解決するためにプロダクトをどう役立てられるのかがわかるのだ。

プロダクト分析ツールを使い、定量データを得ることには慣れているだろうが、周辺の状況を理解することも同様に重要だ。優れたプロダクトリーダーはさまざまな要素に基づいて機能要望を分類し、優先順位付けを行う。判断材料は、プロダクトの利用状況を追跡することで確認できるものや、ユーザーとの一対一の会話で収集する必要があるものなどがある。また、データは人間の判断を排除する道具ではなく、意思決定をガイドする指針であるこ

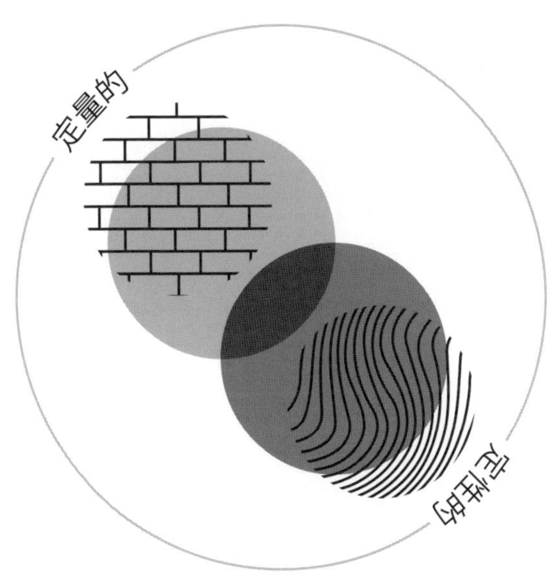

図3.3　定性データと定量データの融合　　出典：Pendo

とを忘れてはならない。

定性データとは、具体的な機能要望や提案などの、顧客からの直接のフィードバックや、顧客の感情、さまざまな顧客とのインタビューややりとりの内容、ユーザーリサーチやエスノグラフィー調査[36]で得られた観察内容などだ。

定量データとは、顧客がどの機能を使い、どの機能を無視し、どこで行き詰まりや不満を感じ、どこで価値や喜びを見出しているかといった、プロダクトの利用状況から得られる行動などのデータのことだ。また、財務データを含むこともある。顧客の現在および潜在的なライフタイムバリューを理解することで適切なビジネス判断を下すことができる。

定量データと定性データが、どれだけ互いに影響しあっているかは、あまり語られていない。これらのデータの真の力が発揮されるのは、両方のデータを同時に活用したときだ。例えば、定量分析を利用して、定性情報を収集したい人を特定することができる。

例えば、コホート分析をしていて、ソフトウェアを使い始めてから３週間後に３分の１のユーザーが離脱していたとする。このような定量的なインサイトがあれば、離脱したユーザーに連絡を取り、何が悪かったのかを調べることができる。「なぜ離脱したのか」「何があったのか」と質問できるだろう。

定性的なインサイトは、一般的に規模を大きくしづらい。ユーザーと電話で話したり、チャットをしたり、リプレイセッション（詳細は後述する）を見たりできる時間は、１日のうちで限られる。したがって、活動の方向性を決めるためには、定量的なインサイトが必要だ。

規模の拡大をするために、無作為なインタビューやアンケートを実施するという方法がある。しかし、主張の強い顧客や情熱のある顧客、あるいはフィードバックをしたいと思っている顧客からしか話を聞くことができず、選択バイアス[37]に陥る可能性もはらんでいる。

最初のステップとして定量データを用いると、外れ値（他の人がやってい

36　訳注：調査対象者の生活環境に入り込み、対象者と行動を共にしながら観察や対話をすることで、より深く対象者を理解する調査手法。

37　訳注：研究や調査の対象を選択する際に、特定の傾向を持つ集団に偏りを持って選択してしまうこと。セレクションバイアスとも呼ばれる。

ないことをやっている人）を特定するのにも役立つので、非常に価値のあることだと感じるだろう。実際、私は積極的に外れ値を探すようにしている。つまり、プロダクトを使っている人の中でも特に突出した使い方をしている人を探すのだ。このような人たちは直接声をかけて学ぶのに適している。

例えば、ある時、他の人があまり気づいていないプロダクトの機能を使っている人がいることに私は気づいた。その機能は埋もれていたのだ。しかし、利用状況のデータを調べてみると、その人はクリスマス休暇中に約3,600回もこの機能を使っていた。その人に電話をして、何をしようとしているのかを知る良いチャンスだった。そして、どうすれば4,000回近くもそういった操作をせずに済むようになるのかを知る機会にもなった。

このようなインサイトは、ユーザーがプロダクトをどのように誤用しているのか、また、すでにソリューションを提供している問題に対してどのように異なる方法で解決しようとしているのか、を特定することができる。そのため、こうしたインサイトは非常に価値があり、ユーザビリティを向上させるための大きなヒントになる。

また、プロダクトや特定の機能を、他の誰よりもよく使っている顧客を見つけたら、「料金を安くすべきか、もっと高くすべきか」といった質問をするチャンスでもある。外れ値を定量、定性の両面で分析することで、他の方法では得られないような素晴らしいインサイトを得ることができる。

プロダクトマネジャーを対象とした年次調査で、プロダクトチームが収集しているデータの種類を、数値で表せる定量的なインサイト（定着状況、利用状況、NPSスコアなど）と、機能要望やフィードバックなどの定性的なインサイトに分けて調査した。結果は、定性と定量のバランスがほぼ完璧で、まさにプロダクトチームがあるべき姿であることに勇気づけられた。頭脳と心の組み合わせ、つまり定性と定量の完璧な融合によって、チームは顧客の全体像を把握し、顧客のニーズを深く理解することができると考えてほしい。同様に、最も価値のあるインサイトは、顧客が明示的に語ることと、顧客の行動で示されることが交差する部分にあることが多い。

こういったインサイトは、ペルソナとジャーニーマップに反映するべきである。ペルソナ（図3.4）は、ユーザーセグメントに統計的および心理的な

図3.4｜カスタマーペルソナの例　　出典：Pendo

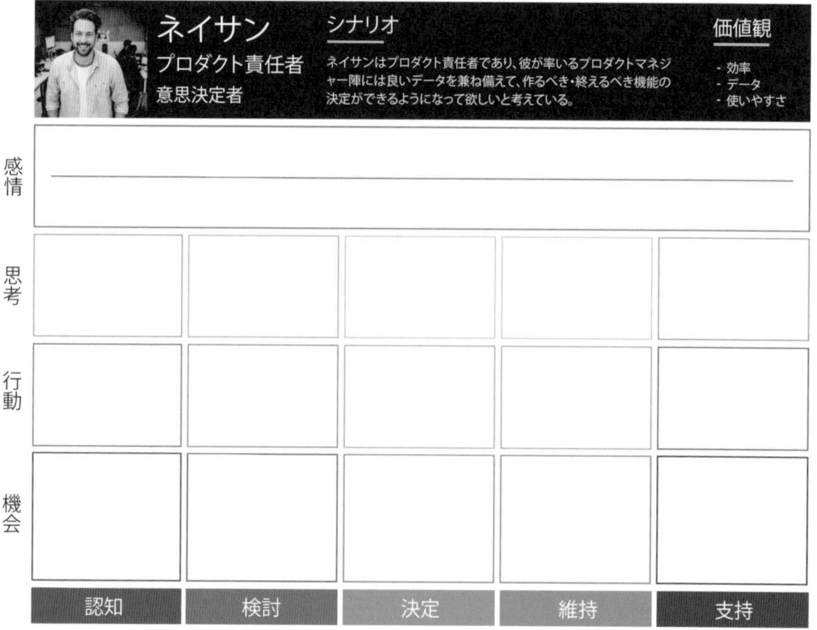

図3.5｜ジャーニーマップのテンプレート　　出典：Pendo

レンズを加えたものだ。ユーザーのニーズ、欲求、行動、好みをより深く理解した上で、ユーザー体験のデザインに活かせるのだ。

同様に、ジャーニーマップ（図3.5）は、カスタマージャーニーのさまざまな接点で、ペルソナのニーズ、欲求、行動、好みがどのように変化するかを理解するのに役立つ。ジャーニーマップは、新規ユーザーのためのオンボーディングの流れを設計する際に特に重要だ。なぜなら、ジャーニーの各段階でどのようにニーズが変化するのか、そして特に各段階の移行時にどのようにニーズが変化するかを明示的に示すからだ。

アプリケーションが、いくつかの異なるペルソナによって使われるであろうことを認識することは重要だ。それぞれのペルソナは、プロダクトの中で異なるジョブを達成しようとしており、それぞれが独自の好みやニーズを持っている。オンボーディング（次の章で説明する）は、誰にでも合うように設計されるものだが、多くの場合、実際は誰にも合わないものになってしまっている。ペルソナとジャーニーマップは、ペルソナ間の差異を捉えられるように、適切な粒度で定義してほしい（ゴルディロックスの原理、つまり、小さすぎず、大きすぎずを意識してほしい）。そうすれば、それぞれのニーズや好みに合ったオンボーディング体験を設計することができる。さらに、ユーザーの行動や感情を長期的に計測すれば、ユーザーがオンボーディングで行き詰まったときに手助けができるだろう。むしろそうしなければ、プロダクトへの潜在的な批判者になってしまう。

ソフトウェアの人間的な側面

Calendly社のプロダクト担当副社長であり、その前はAtlassian社のプロダクト責任者であったオジ・ウデズエに対して、Pendoの共同設立者であるエリック・ボドゥフが行ったインタビューに、興味深いインサイトがあった。ウデズエ氏は、ソフトウェアを構築する際の最大の課題は、複雑なコードや技術的なインフラ、あるいは難しいビジネス上の問題ではなく、「人だ」と言う。プロダクトは人が人のために作るものなので、これは理にかなっている。だからこそ、プロダクトマネジャーはソフトウェアの人間的な側面に精通している必要がある。もはやプロダクトマネジャーには、コードに精通していたり、幅広いドメイン知識を持つことは求められていない。その代わりに、優れたヒューマンスキルが必要なのだ。ウデズエ氏は、プロダクトマネジャーに組織内の影響力のある人たちとの関係構築をより意識的に行うことを勧めている。自分のプロダクトやチームに懐疑的な人たちと関係を築くことは、さらに重要だ。ウデズエ氏自身も、都合の悪い話をためらわないし、プロダクトリーダーもそうあるべきだと言う。良いプロダクトを作るためには目線が揃っていることが重要であり、どんな断絶にも目を向ける価値がある。彼が所属するCalendlyでは、常に顧客からの電話を受け付けている。彼は、こういった電話に価値があることを、プロダクトチームは再認識するべきと考えている。さらに重要なのは、永続的にその価値に目を向けることだ。ほとんどのプロダクトチームは、四半期ほどカスタマーコールの対応を行えば、必要なことはすべてわかると決めつけてしまっている。実際に、顧客との会話は継続的に行われるべきなのだ。ウデズエ氏は、正しい質問をし、正しい答えを見つけることにも情熱を注いでいる。しかし、場合によっては自動化が役立つこともあると考えている。Calendlyは、一般的なカスタマーコールを自動化し、毎週プロダクトマネジャーがカスタマーコールを担当するようにしている。電話の中では、次のことを尋ねている。

1　改善が望まれるワークフローについて教えてください。
2　その手前のワークフローについて教えてください。
3　プロダクトがあなたの希望を叶えた今、あなたのワークフローはどのようになっていますか？

ウデズエ氏の視点では、このアプローチは、チームがよりよいプロダクトを作り、将来に備えるのに役立っている。

ヒューマン・コンピューター・インタラクション

私はピッツバーグのカーネギーメロン大学に通っていた。そこにはアメリカで最初のユーザー体験（UX）のカリキュラムがあった。私たちは、被験者をマジックミラーのある部屋に入れて、さまざまなシナリオを実行する様子を観察し、彼らの行動が私たちの想定と一致しているか、あるいは私たちが想定していないことをしているかを観察していた。

私が２年生のとき、教授の一人が、ウォール街のトレーダーや投資家が取引をする際に使用するブルームバーグ・ターミナルのユーザーインターフェースを近代化するプロジェクトに取り組んでいた。目的はトレーダーの生産性向上で、データ転送速度を向上させたり、一瞬で取引を実行できるようにすることだった。当時、それまでキーボードで操作していたターミナルに、マウスでの操作を追加しようとしていた。マウスを使えば、ターミナルに表示されているすべての情報を簡単に操作できるようになると考えていたのだ。しかし、新しいターミナルがリリースされると、生産性は一気に低下した。突然、トレーダーが仕事をするのに10倍の時間がかかるようになってしまったのだ。なぜだろうか？　トレーダーは、キーボードのキー操作をすべて記憶していたために、マウスを使うのに時間がかかっていたのだ。

Pendoでも同じようなことがあった。私たちのプロダクトの最初のバージョンを使うには、ユーザーはHTMLでのコーディングができなければならなかった。しかし、新しいバージョンをリリースし、コードを書く必要をなくし、クリックだけで使えるようにした。この変更で、より簡単に、より速く使えるようになると考えたのだ。しかし、それは逆効果だった。かえってユーザーの動きを遅くさせてしまったのだ。クリック数が増えて、使い勝手が悪くなってしまったのだ。

このように、物事を良くしていると思い込んでいても、実際には悪くなっているということはよくあることだ。Facebookが「タイムライン」という新機能を導入し、大失敗したことを覚えているだろうか。人々は、今まで使っていたものとは違う、という理由で、この機能を受け入れなかった。そこに価値を見いだせなかったのだ。

ここでのポイントは、プロダクトを使っている人を実際に見てみないと、より速くするための、本当の意味でのインサイトは得られないということだ。誰かがクリックしたり、声に出しながら考えたりするのを見ていると、単に成果を計測するだけでは得られないようなフィードバックが得られる。このようなインサイトが本当のイノベーションにつながることもある。

プロダクトマネジャーやデザイナー、UXリサーチャーは、このような情報を収集するために、ユーザーテストを依頼したり、特定のユーザーにインタビューしたり、場合によっては以下のように同僚に助けを求めたりすることを怠ってきた。

「この新機能で遊んでみませんか？」

「これを試してみてほしいんです。私は見てますので、次のステップに従ってください」

「新機能についてどう思いますか？」

その他のアプローチとしては、アンケートやフィードバックフォームがある。どんなアプローチであっても、ユーザーの行動に関する定性的な感情を理解する時は、間違った理解をしやすく、裏付けに乏しかったり、さらにはまったく正確ではないことがよくある。さらに、ユーザーフィードバックやユーザーテストは非常にコストがかかるため、通常はサンプル数が少数に限られてしまう。

定量データを活用して、これらのプロセスを改善する例を示そう。無作為にユーザーやテスターに依頼する代わりに、最もアクティブなユーザー（またはパワーユーザー）を計測することができる。また、データを活用すれば、逆に新規の初心者ユーザーをターゲットにすることもできる。さらに、プロダクトの異なる領域を利用するユーザーや、異なる方法でプロダクトを利用するユーザーや顧客を分けることもできる。要するに、定量データは誰をテストすべきか、また、場合によっては何をテストすべきかを示してくれるのだ。

プロダクト分析技術の進歩により、実際のユーザーの行動に関する定性データを、大規模かつ驚異的な精度で、しかもバイアスなく収集することが可能になった。セッションリプレイ技術を使えば、実際のユーザーの画面上での体験をすべて記録することができる。スポーツチームが、試合の録画を、前の試合の分析や次の試合の準備のためにチームで一緒に見るようなものである。

セッションリプレイ技術を使えば、例えば特定のページの特定のボタンをクリックしたすべてのユーザーセッションを再生することができるだろう。実際のユーザーが操作したり、躊躇したり、クリックしたり、タップしたり、スクロールしたりする様子を見ることで、抽象的だったメトリクスが現実のものとなる。プロダクトマネジャーは、ある機能がいつ使われているか、あるいはどれだけ見落とされているかを知ることができるだろう。

リプレイ技術は、自動化された方法で、抽象度の高い定量分析を、実際のユーザー体験に結びつけるのだ。

リプレイの使用例

分析内容をユーザーの行動に結びつけるために、リプレイをどのように役立てると良いだろうか？　人気のビジネスビデオプラットフォームWistia[38]のプロダクトチームは、有料サービスへアップグレードする青いバナーを目立たせているにもかかわらず、ユーザーはアップグレード方法がわかっていないことを認識していた。リプレイ技術を利用する前は、Wistiaのプロダクトチームは、直感だけを頼りに課題を予想し、仮説を立ててテストを行っていたのだ。セッションリプレイ録画は、ユーザーがアップグレードの意思を持って購入ページに到達するものの、最終的には完了できずにいる場面を記録しており、プロダクトチームは顧客が経験した課題を直接観察することができた。この重要な定性調査をもとに、Wistiaは新しいアップグレードチャネルを開発し、すぐに従来のチャネルを上回る結果を出すことができた。

比較的早い段階で、アップグレードの60%が新しく開発したチャネルからだということがわかった。つまり、アップグレードの大部分が、セッションリプレイから得た情報のおかげだったのだ。

別の例だが、TravelPerk[39]は顧客のNPSスコアが低い時に、セッションリプレイを使ってトラブルシューティングを行った。そうした低いNPSスコア

38 https://wistia.com/
39 https://www.travelperk.com/

につながったセッションを再生したところ、顧客がイライラした様子で８回もフォームに入力しようとしている様子を見て、チームは戦慄した。さらに調べてみると、他にも10人以上の顧客が同じバグに遭遇していることがわかったのだ。その後すぐに、ヘルプデスクにチケットを登録して、その重大な課題を解決した。

リプレイを既存の定量分析に関連づけることで、プロダクトマネジャーが遭遇するあらゆるマクロ分析の課題に対してミクロの答えを得ることが、かつてないほど容易になっている。より良いプロダクト、より良い顧客体験に活用ができるのだ。

まとめ

本章では、顧客から収集したデータや情報を、プロダクトを進化させ続けるためのインサイトに変えるさまざまな手法について説明した。このセクションの最初の２つの章で、プロダクトの実行可能性を確かなものにする方法として、目標とメトリクスを計測することの重要性を強調したが、この章はその旅の続きであった。次の章では、ユーザーの感情など、定性データを計測する方法について掘り下げていく。

CHAPTER 4
感情の測り方

次に何を作るべきか？　これは、プロダクトチームにとって最も重要な問いだ。また、正解を出すことが難しく、間違えた時のコストが高い問いでもある。プロダクトに携わるということは、不可能なトレードオフの世界に生きることのように思える。一つひとつの選択には高い機会費用がかかり、それぞれの決定が完璧だと確信を持てることもないだろう。だからこそ、プロダクトマネジャーは、比較的自信を持った人が多い傾向にある。あれこれ考えすぎてしまう人にとっては、辛い職業なのかもしれない。

とはいえ、一般的なプロダクトマネジャーが、自分の直感だけを信じるほど傲慢だと言いたいわけではない。それに正直なところ、この問題に関して、プロダクトマネジャーに選択の余地はないようなものだ。上場しているクラウド企業の平均的な研究開発費は、売上高の21％に相当する。これは、偶然に任せるにしては大きな金額だ。

多くの企業のプロダクトチームが着実にその地位と権限を獲得しているが、たいていの企業ではまだ影響力を獲得する戦いの渦中にある。プロダクトチームに求められるのは、聞き手を引き込み、現実味のある未来のビジョンを描きながら、何にどのくらい賭けるのかについて、データに基づいた説得力のある議論を展開することだ。しかし、データがない場合、意思決定は

HiPPO（Highest Paid Person's Opinion, 最も高い報酬を得ている人の意見）に偏ってしまう。Netscape社の共同設立者でCEOのジム・バークスデールは、かつてこう言ったという。「データがあればデータを見よう。意見しかないのであれば私の意見にしよう」。

もちろん、これまでプロダクトチームが当てずっぽうだったわけではない。アンケート、グループインタビュー、カスタマーインタビューを日常的に行っている。しかし、それらの効果は常に疑問視されている。顧客が最も信頼できる語り手とは限らない。顧客は自分が何を求めているのか、何を必要としているのかを知らないか、あるいはコミュニケーションにつながるような言葉にすることに苦労しているのだ。

これは顧客の声に耳を傾けるべきではない、ということではない。顧客からのフィードバックは、プロダクトの意思決定のためのインプットの一部として考える必要があるということだ。そのインプットは、定量と定性のインサイトが混在したものになる。さらに、フィードバックを求める際には、顧客の要望の背景にある「Why」をより深く理解できる方法で行う必要がある。重要なことは、顧客の具体的な状況、相対的な権限や価値を理解し、フィードバックをトレードオフすることだ。

大抵の場合、フィードバックはアートと科学の両方の要素を含むものだ。科学的な面はわかりやすく、適切なタイミングで適切な質問をし、パターンを探し、フィードバックを評価するようなことを指す。アートな面は、プロダクト戦略に適したストーリーを描き出すために、これらのフィードバックを、専門家の意見や実際に顧客と接することで得られる周辺のインサイトと合わせて、一枚絵の素材として利用することだ。

感情を測る

当たり前のことだが、顧客がプロダクトをどのように感じているかについては、真剣に向き合うべきだ。顧客の不満の表明というのは炭鉱のカナリア[29]のようなものだからだ。これは、何かが大きく間違っているかもしれないという、小さいが早期に現れる定性的な兆候だ。

顧客に喜ばれなくなると、顧客はもっと良い代替品を探し始めるという現実がある。そして、努力する意思が少しでも強い企業が勝つのだろう。どの機能が使われているのか、ユーザーがどのようにアプリケーションを利用しているのか、どこで行き詰っているのか、どこで離脱しているのかを理解するには、定量的なインサイトが不可欠だ。しかしそれと同じくらい重要で、かつ補完的なレンズがある。それは「感情」だ。

プロダクトの世界では、「感情」の定義は非常にシンプルなものだ。ある状況や出来事に対する見方や態度、つまり意見のことだ。あなた自身のプロダクトの文脈では、これをさらに単純化することができる。「顧客はプロダクトが好きなのか？　好きではないのか？」と聞くのだ。顧客の行動を観察することで合理的な推測をすることもできるが、単純に直接聞いてみる方が簡単な場合もある。また、声を聞くことによって、顧客に、自分の声が聞かれている、自分の意見が尊重されている、と再認識してもらえるという利点もある。

感情を捉えるために、いつ、どこで、どのように質問するかを慎重に検討する必要がある。

いつ？

どのくらいの頻度で、またカスタマージャーニーのどのタイミングで、感情を計測すべきだろうか？　アンケート疲れを起こさない頻度と、信頼性の高い回答を可能な限り多く得るためのタイミングの両方を考慮することが重要だ。

どこで？

どのチャネルで感情を計測すべきだろうか？　プロダクト内でのアンケートや投票はより高い回答率が得られるが、Eメールなら、プロダクトを積極的に利用していないユーザーにも答えてもらえるかもしれない。両方の対象

29　訳注：何らかの危険の前兆を知らせる慣用句。炭鉱で発生する有毒ガスを検知するために、人間よりも先に有毒ガスを察知できるカナリアを炭鉱内に連れて行っていたことに由来する。

者からバランスのとれた視点を得たいだろう。

どのように？

どのような質問をすべきだろうか？　NPS調査では、顧客がプロダクトを他者に勧める可能性を尋ねる。また、カスタマー・エフォート・スコア（CES）調査では、タスクを達成するのがどれだけ簡単だったかを尋ねる。それぞれの質問はそれぞれの理由で有用なものであるが、たった１つの方法ですべてを測ることはできない。

顧客の感情に関する唯一無二の尺度はない。最終的には、理解したいことに最もマッチするように、さまざまな尺度を試してみることになるだろう。そうしたものの中でも、NPSはおそらく最も一般的で、広くプロダクトチームに採用されている手法だ。

NPSを使いこなす

以前勤めていた企業のあるチームで、初めてエンドユーザーからのフィードバックを収集するためにNPSを使ったときのことをはっきりと覚えている。その結果は聞きたくもないようなものだった。それまでは、主に関係の深いソフトウェアの購買者と対話をしていたのだが、NPSを利用することで実際にプロダクトを使っている人に感想を聞くことができた。そこからの学びは私たちの目を覚まさせるものだった。プロダクトをまったく気に入っておらず、不満を持ったユーザーがたくさんいることがわかったのだ。使いたくもないプロダクトに毎日ログインしてもらっているというのは恐ろしい話だ。明らかに改善すべき点がたくさんあった。

しかし、プロダクトチームとしては、ユーザーの意見を知ることで、より良い状況になったとも言えた。これまでになかったエンドユーザーへの可視性が得られ、仕事に優先順位をつけるための新たな方法が生まれたのだ。それと同時に、いくつかの課題を解決しなければ、不満を持った顧客や他の顧客を失う可能性が非常に高くなるということを気づかせてくれた。

こうしたネガティブな感情に打ち勝つために、不満を持ったユーザーが他の人にも勧めたくなるようなプロダクトを作るよう、もっと努力をする必要があった。より高いNPSスコアを獲得する必要があったのだ。

同じようなケースを、各地の歯科医院にソフトウェアを提供している企業で見たことがある。この企業のソフトウェアは、歯科衛生士（歯科医師が検診する前に歯のクリーニングを行う人）が、患者の記録として、患者の直近の来院に基づいた最新情報を入力するためのものだ。

最初のNPSによる調査で判明したのは、歯科衛生士はこのソフトウェアを使うことを嫌がっていたことだった。本当に使いづらかったのだ。しかし、このソフトウェアの導入を決定したのは、医院を経営する歯科医師であり、実際には利用しない人だった。歯科衛生士にNPSのスコアをつけてもらって初めて、歯科衛生士がどれだけ不満を持っているかを知ったのだ。だからこそ、NPSはビジネスの内側で起こっていることを示す強力な指標になるのだ。

NPSはおそらく最も人気のある感情指標だが、限界があることも事実で、批判的な意見もある。著名なUXコンサルタントであるジャリッド・スプールは、インターネット上でNPSの使用に反対する運動を展開している。私に言わせれば、彼の主張は、知的に聞こえる一方で的外れだとも感じる。NPSだけでは完全な解決策にはならないし、スプール氏が指摘するように、この方法論に限界があるのはその通りだ。しかし、他にそうではないものがあれば教えて欲しい。

NPSの限界とはなんだろうか？　まず、NPSではユーザーに何かを「するだろうか」と尋ねているのであって、「過去６カ月間にXYZ製品を勧めたことがありますか」と尋ねているわけではない。プロダクトを支持するかどうかの意図は、支持したかどうかの事実とは異なる。また、支持はロイヤルティとも異なる。誰かが積極的にプロダクトを支持する意思があるからといって、必ずしもその人がプロダクトにお金を払ってくれるとは限らないし、すでに顧客である場合でもお金を払い続けてくれるとは限らない。例えば、価格が購入や契約更新の判断材料になることもあるし、予算が厳しい中ではプロダクトやブランドへの愛が貫かれるとも限らない。

これらの既知の問題に加えて、NPSにはもう１つの根本的な（しかし多くの場合、解決可能な）課題がある。それは、ユーザーがなぜプロダクトに対してそのように感じるのかをどう理解するのかという点だ。

理由を知る

こういった調査方法の顕著な限界の１つは、肯定的または否定的な感情の根本原因を明らかにするものではないという事実だ。

一般的に、ある質問を広く使うことができるかということと、実用的な情報が得られるかということはトレードオフの関係にある。例えば、NPSはこのプロダクトを友人に勧める可能性があるかどうかという幅広い質問だ。しかし、理由が分からない場合において、その答えはどれほど実用的だろうか？　一方、CESのような指標はより実用的だが、プロダクトの一部分だけに焦点を絞ったものだ。CSATは質問をどのように組み立てるか、どのようにターゲットを絞るかによって、質問の焦点が狭くも広くもなりうる。例えば、特定の機能に焦点を当てたり、プロダクト全体に焦点を当てたり、あるいは企業自体に対する顧客体験に焦点を当てたりもできるだろう。

これらの指標は他の補完的な情報がなければ、顧客がどのように感じているか、何が原因でそのように感じているのかの両方を理解するのには不十分だ。だからこそ、定性と定量のインサイトを結びつけることが極めて重要なのだ。感情とプロダクトの利用状況のデータを組み合わせることで、より豊かで実用的な情報を得られるだろう。

質問することを忘れない

データを分析して原因を推測することに忙しくしていると、時により明白なステップである「質問をする」ことを見落としがちだ。NPSによる調査では一般的に、数値による評価に加えて任意で追加の質問を用意し、ユーザーに評価の理由を尋ねる。もちろん、実際には全員からの回答が得られることは稀だ。しかし、スコアに応じて追加の質問をカスタマイズすることで回答率を向上できる。例えば、批判者に対して次のように反応することを想像してみてほしい。

「申し訳ありません。何を改善すれば良いでしょうか？」

一方、推奨者には次のように反応するのだ。

「ありがとうございます！　一番気に入っていることはなんでしょうか？」

文脈に沿って、人間味のある反応をすることで、一般的に良い反応率が得られる。

プログラムの頻度

NPSによる調査のプログラムを開始する際には、いつ質問をするかを決める必要がある。「いつ」を知ることは、「なぜ」を問う働きもある。顧客に質問をすることで何を達成しようとしているのだろうか？　顧客とやりとりできる回数は限られていることを忘れないでほしい。機会を賢く利用しよう。

NPSには、トランザクション型とリレーションシップ型の２つの基本スタイルがある。トランザクション型NPSは、サポート対応などの出来事の後の感情を計測するものだ。一般的には、企業とのやり取りを評価するために使用される。一方、リレーションシップ型NPSは一定のリズムで行う質問だ。ユーザーに質問をする頻度を決めよう。これはユーザーに手を煩わせることと、より最新の感情を知ることとのトレードオフになる。動きの速いプロダクトで、顧客の感情が大きく変動することが予想される場合は、より頻繁に調査を行いたいだろう。また調査対象者を選ぶことができるが、これは調査結果に大きな影響を与える。BtoB企業の中にはエンドユーザーではなく、購買担当者（発注書にサインする人）に調査を行うところもある。しかしこの方法では、購買担当者がエンドユーザーからのフィードバックをまだ得ていない可能性があるため、誤った安心感につながってしまう可能性がある。

回答のセグメンテーション

もう１つの価値ある分析は、NPSの結果をユーザー特性、企業特性（BtoB企業の場合）、あるいは心理的データ（BtoC企業の場合）でセグメンテーションすることだ。例えば、BtoB企業であれば、顧客企業の規模やタイプ別にデータをまとめるだろう。BtoC企業の場合は、ユーザーの役割、ジェンダー、ペルソナ、地域などでデータをセグメンテーションするだろう。プロダクトが特定のセグメントに比較的良く受け取られていたり、または悪く受け取られていたりすることがあるかもしれない。このことはプロダクトの弱点に焦点を当てるか、得意な部分をさらに強化するかを選ぶべきであるということだろう。

ここで役に立つのが共感マップだ。共感マップは、プロダクトチームが顧客やユーザーをよりよく理解するために利用できる強力なツールだ。これまでの章で、ユーザーが何をしているかの計測について説明してきた。一方で、ユーザーが何を考え、何を感じているかを知るために、ユーザーが何を言っているのかについてはまだこれからだ。ユーザーの発言は、非常に強力なインサイトを引き出すために収集・利用できる定性的な計測値である。

自由記述テキストと感情分析

定性調査の最も基本的な形式は、自由記述テキストだ。「改善のために何をすればいいですか？」や「何が欲しいですか？」といった質問からは、確実になんらかのデータが得られるため、まず初めに行うとよいだろう。自由記述の質問を中心にアンケートを構成することは、有用な回答を最大限に引き出すための最良の方法になる。

自由記述テキストの課題は、集計や傾向を把握するのが難しいことだ。しかし、それらを可能にするテクニックがいくつかある。一般的なテキスト入力に対して、感情スコアを算出するオープンソースのシステムがいくつかあり、このようなシステムは、大量の自由記述テキストを効率的に処理する方法である。一般的に、こういったシステムは、テキストを肯定、中立、否定のいずれかに仕分ける。感情の傾向と変化の分析は、改善のためのシンプルな尺度となる。

より深く掘り下げる

顧客の声を顧客自身の言葉で聞くことは大きな力となる。しかし、大きな規模で真のインサイトを得るためには、フィードバック収集の自動化が必要になる。それが感情分析の役割だ。先述の通り、一般的なテキストの入力から感情スコアを算出することで、肯定と否定の感情のパターンや特徴を理解し、フィードバックデータを細分化することができる。

キーワード分析

大量の非構造化テキストを処理して、共通の単語やフレーズを見つけるのは簡単だ。最も効率的な方法は、キーワードやフレーズをカウントできるアルゴリズムを活用することだが、手動によるタグ付けもサポートされているのが一般的だ。プロダクトマネジャーがより標準的な回答に対応づけるために手動で分類するのだ。手動タグ付けは、人間が理由と文脈を解釈して、自由形式のテキストを共通のテーマに分類するため、多くの場合においてより正確になる。言い換えれば、手動タグ付けは自由形式の回答に追加の文脈を加えているのだ。機械学習の進歩により、学習ベースのアルゴリズムは手動タグ付けされたデータを学習データとして活用し、手動タグ付けの品質と自動化の効率を両立させることもできるだろう。

ワードクラウド

図4.1に見られるようなワードクラウドは、遊び心のある楽しい視覚化であり、キーワード分析の１つの形式だ。ワードクラウド[40]は、プロダクトに最もよく関連する単語を配置し、文字の大きさや太さはその単語の使用頻度

| 図4.1 | ワードクラウドの例　出典：Pendo

40　https://www.wordclouds.com/

に比例する。ワードクラウドは、コメントに共通する情報の発見に集中できるよう、“the”などの単語を取り除くように設定できる。ワードクラウドを生成するための無料のウェブサイトや、プロダクトに埋め込むためのライブラリも多数ある。

リッカート尺度

第２章で紹介したリッカート尺度も、よく使われる調査方法だ。調査の参加者に、「このプロダクトは使いやすい」といったような文を提示した上で、回答を合計または平均してスコアを生成できるだろう。アンケートには、複数のリッカート尺度の項目、つまり複数の文と回答の選択肢を含めてもよいだろう。

感情と利用状況を組み合わせる

感情と利用状況にはそれぞれ価値があるが、組み合わせることで非常に強力になりうる。

例えば、自社プロダクトのあるページをリニューアルしようとしているときに、フィードバックを集めたいとする。そこで、すべてのユーザーにアンケートを実施すると、「今のページが気に入っている」や「価値がない」など、さまざまな回答が寄せられた。この方法の課題は、真のインサイトを拾い上げることが難しい点だ。パワーユーザーと初心者の定性データが同じデータ集合に入っていることだろう。パワーユーザーはソフトウェアの利用習慣を身につけているため、初心者や平均的なユーザーが苦労するような部分を認識できないかもしれない。

しかし、このリニューアルしようとしているページの利用状況に関する豊富なデータがあり、異なるセグメントのユーザーに以下のように異なるアンケートを実施した場合を想像してほしい。

パワーユーザーへの質問：「こんにちは。このページをとてもよく利用していると思いますが、どうなればもっと良いと思いますか？」

たまにしか使わないユーザーへの質問：「このページをほとんど使っていないと思いますが、なぜでしょうか？　あなたに適していないですか？」（こうした質問は、特にユーザーのペルソナを理解できている場合、興味深いインサイトを得ることができるだろう。このページがそうしたペルソナのために特別にデザインされているにもかかわらず、そのペルソナが価値を得られていないためだ。）

新しいユーザーへの質問：「このページは現在リニューアルを検討中です。あなたに興味を持ってもらうために何か１つ追加するとしたら、それは何だと思いますか？」

NPSは、他の定量データと組み合わせることで、より深いインサイトを得ることができる。私は個人的に、ユーザーからの非常に否定的な回答を見た際に、「その人はプロダクトを使っているのだろうか？」と疑問を投げかけたことがある。NPSと基本的な利用状況のデータを組み合わせることで、より深いインサイトが得られる。プロダクトをまったく使っていないユーザーに、プロダクトを勧めるかどうかを尋ねる必要はない。そういった人が勧めるかどうかは、まったく意味がないのだ。その人が実際にプロダクトを勧めたとして、「なぜ勧めるのですか」と聞かれても何も答えられないところを想像してほしい。もちろん、人に勧めるのに自分ではあまり頻繁に使っていないユーザーがいれば、そのユーザーになぜあまり使っていないのかを聞くことに価値はあるだろう。しかし、プロダクトをいつも使っている人がそのプロダクトを勧めないのであれば、そこからはもっと価値のあるインサイトが得られるだろう。

スコアを上げる

否定的なフィードバックは、とても気が滅入るものだ。NPSで否定的な評価を受けるたびに、嫌な気分になる。プロダクトに心血を注いでいるのに、ユーザーが喜んでくれないのはストレスだ。否定的な評価を受けたときに私がとる最初の行動は、ユーザーに連絡を取り、懸念を聞き、できるだけ早く対処することだ。私たちは皆、批判者を推奨者に変えたいと思っている。

この戦略の課題は、それが難しいということだ。ユーザーとの間に深い溝を作ってしまっているとしたら、そうした溝は長い時間をかけて掘られたものかもしれない。１回のミーティングやプロジェクトで、ある人のスコアを３点から９点に増やすことはできない。スコアをあげるには、まず中立的なユーザーから始めるのがよい。スコアを８から９に上げるのはもっとシンプルで、目に見える形でスコアが向上する。

感情に基づくパーソナライゼーション

あるプロダクトを使っていて不満が募り、企業に連絡したと想像してみてほしい。そのフィードバックによって、企業があなたを少しでも良く扱ってくれたら最高だと思わないだろうか。

そうした対応は、各ユーザーの感情に基づいて体験全体を改善する、非常に強力で高度な機会だ。例えば、あるユーザーがプロダクトの気になる部分について定性的なフィードバックを提供してくれたとする。そこに取り組むのと合わせて、改善があったかどうかをユーザーに確認しフィードバックを求めることで、ユーザーのニーズに積極的に対応していることを、ユーザーに示すことができる。

逆に、ユーザーの中のアドボケイトを知ることは、そうした関係性に投資する機会になる。アドボケイトは寛容なので、他のユーザーよりも早く新機能を提供すると、それが未完成であることを理解しつつ、建設的なフィードバックを提供してくれる。そしていち早く情報を得られることを、光栄に思ってくれるのだ。

インクルージョン（包括性）の実践

私たちがスポンサーをしているProductCraftカンファレンスで、ベンジャミン・アール・エヴァンスから力強い言葉を聞いた。ベンジャミンは、かつてAirbnbのホストから肌の色を理由に差別を受けたことがある。現在、彼は、Airbnbで差別対策デザインのチームを率いているのだが、彼は、会場でこんな質問を聴衆に投げかけた。「私たちのもたらしたイノベーションは、どのようにして不本意なことを引き起こしたのだろうか？」このことについて少し時間をとって考えてみてほしい。

意図とは真逆の方法でプロダクトを使っている人を見たことがあるだろうか？　あるいは、プロダクト開発の過程で、障がいについて考慮しなかったことが原因で、プロダクトをまったく利用できなかった人がいるかもしれない。あらゆる人のための体験を作り上げるために、私たちはどうすればより意図的で思慮深くなれるのだろうか？

エヴァンス氏はさらに、人はみな先入観を持っていることを認めた。その先入観をプロダクトやサービスに反映させてしまうと、どれほどの損害があるかを考えてみてほしいと話す。彼は「平均的な人」の向こう側を考えること、また未来のためにはどのようなデザインができるかを真剣に考えるようと、聴衆に呼びかけた。例えば、世界には体が不自由な人が10億人いる。それなのに、なぜ私たちはいまだにその人たちを無視しているのだろうか？また彼は、誰でも歳をとるにつれて、いつかは自分自身も障がいを持つことになるかもしれない、という素晴らしい指摘もした。デザインは時代に左右されず、ユニバーサルにアクセスできるものでなければならないのだ。

アクセシビリティは新しいアイデアではない。実際、この動きは何十年も前から始まっている。しかし、物理的な空間でのアクセシビリティは法律で義務付けられる一方で、デジタルプロダクトではまだそうなっていない。デザイナー、プロダクトマネジャー、エンジニアなど、プロダクトに携わる者として、すべての人にとってアクセシブルなプロダクトやサービスを作ることは、私たちの責任だ。

もう１つの視点は、エヴァンス氏のチームが作成したツールキットで、デザイナーがプロダクトやサービスに最初からインクルーシブ（包括的な）デザインを組み込むための簡単な方法を提供している。彼らが特定した最初のステップは、シンプルに質問をすることだ。質問には次のようなものがある。

・私がデザインしているものに反対する人はいるだろうか？

・手放すべきものを抱えていないだろうか？
・自分のためにデザインしたものは何だろうか？
・他の人のためにデザインしたものは何だろうか？

プロダクトデザインチームであれば、このようなシンプルな質問を自分に投げかけることで、インクルージョンについて考え始められる。しかし、インクルーシブデザインには、自己認識、支持、そしてコミュニティも必要だ。エヴァンス氏によると、インクルーシブデザインの３つの原則は、「成長」「革新」「帰属意識」だ。続けて彼はそれぞれをより詳しく説明してくれた。

１．成長

エヴァンス氏は、企業が成長するためには、リーダーが「自分自身の色メガネを認める」必要があると説明する。「色メガネ」とは世界の見方のことだ。Airbnbの主な色メガネの１つは英語だった。Airbnbはアメリカで立ち上がった企業なので、英語を話す人を主な対象としていた。しかし、この色メガネはグローバル市場への進出に伴い、制限されるようになった。Airbnbのリーダーは、「自分の色メガネを認める」ことで自らの先入観を認識し、それに対処することができたのだ。

２．革新

エヴァンス氏の言葉を借りれば、デザイナーは平均的な人の向こう側を考えることを通して、平均的な人以外も守る必要がある。そもそも「平均」とは何だろうか？　本当の意味でアクセシビリティを実現するためには、デザイナーは「普通の」ユーザーという狭い定義にとらわれない、革新的なソリューションを生み出す必要がある。

３．帰属意識

エヴァンス氏によると、プロダクトデザイナーは常に「見逃している人はいないか」と自問すべきだと言う。そのためには、社内の文化を変えたり、プロセスを見直す必要があるかもしれない。しかし、すべてのユーザーに「見てくれている」「配慮されている」と感じてもらえる企業は、経済的にも顧客満足度の面でも大きな成果を上げることができるだろう。

他の企業がこの原則を採用するにはどうすればいいだろうか？　それは、「インクルージョン」を実践することだ。エヴァンス氏が言ったように、まずは質問をすることから始めよう。ユーザーや、インクルージョンを重視する他の組織から資料を見つけてきてほしい。プロダクトマネジメントチームやエンジニアリングチームとも話し合ってほしい。全員がこの取り組みに賛同し、優先的に取り組んでほしい。誰もが先入観を持っていることを認識してほしい。自覚的であることが、先入観に対処するための第一歩となる。

コミュニケーションを決着させる

ユーザーに意見を求めたとき、その後の行動で最も重要なのは、耳を傾けたことを示すことだ。最悪なのは、フィードバックを求めておきながら、それを無視することだ。チームは、自分たちが予期しておらず、ふさわしいと思っていないフィードバックに対しては、自己弁護や言い訳に走ってしまうことがあるだろう。自分たちが気に入るかどうかにかかわらず、ユーザーからのフィードバックを贈り物として扱ってほしい。誰かがあなたをより良くするために時間を割いてくれたのだから、ユーザーからのフィードバックは良いことなのだ。回答をくれなかったユーザーのことも心配してほしい。彼らはプロダクトをあまり気にしていない人たちなのでいなくなってしまうリスクがある。

意見に耳を傾けたことを示す最良の方法は、可能な限り具体的な内容で回答することだ。プロダクトのある部分が原因で、アンケートの反応が悪かったり、NPSのスコアが低かったりする場合がある。こういった回答には、問題を認識し、それに対処するための計画を共有しよう。もしかしたら、すでに取り組んでいるかもしれない。顧客の特定の懸念を解決する何か新しいプロトタイプを見せられるならそうしよう。感謝の気持ちを込めて、具体的に伝えよう。これは、時間をかけて率直なフィードバックをしてくれた人を認識することで、フィードバックをくれた人をプロダクトの擁護者にするチャンスなのだ。誰でも、自分の意見を聞いてもらえたと感じたいものなのだ。

まとめ

本章では、ユーザーとの関わりを持つことの重要性と、ユーザーがプロダクトに対してどのように感じているかを計測する方法を見つけることの重要性について学んだ。次のセクションでは、計測した顧客の情報を活用して、顧客をプロダクト体験の中心に据える方法について説明する。

PART Ⅱ

プロダクトは顧客体験の中心にある

Product Is the Center of the Customer Experience

プロダクト主導型組織に向かう道のりにおける最大の誤解は、プロダクト主導型への取り組みがプロダクトチームの挑戦であると捉える、つまり自分たちだけの責任や仕事であると考えてしまうことだ。プロダクト主導型への動きは、企業のあらゆる側面や機能に影響を与え、ビジネス戦略にも大きな影響を与える。なぜならプロダクト主導型企業は、プロダクトを顧客体験全体の中心に位置付けるからだ。従来は各部門が顧客体験の一部をそれぞれが受け持っていたが、現代の消費者はプロダクトを通して企業と100%関われることを期待している。これはプロダクトの顧客になる前から始まる。

ここで、典型的な顧客のライフサイクルを時間軸に沿って見てみよう。

トップ・オブ・ザ・ファネル（TOFU）：最初のコンバージョン活動は、ある人や会社が見込み顧客になったときに始まる。何らかのコンテンツに接触したり、あなたの企業が出展しているイベントに参加したり、口コミであなたのサービスを知る。一流のマーケティング担当者であれば、見込み顧客がファネルに入った瞬間までさかのぼって追跡し、データ収集プロセスを始めるだろう。

デモ／トライアル：「試してから買う」のが当たり前の今の世の中では、潜在的な顧客のために、ほとんどの企業が何らかのデモやトライアル体験を提供している。見込み顧客の最初のエンゲージメント、つまりファネルに入った直後の目標は、プロダクトを試してもらうことだ。

購入／コンバージョン：トライアルやデモの成功は、プロダクトの第一印象にかかっている。トライアルユーザーには、彼らのビジネスにおけるROIを証明するのに十分な機能を提供し、もっと使ってみたいと思わせなければならない。しかしプロダクトにお金を払わず、必要最低限のものだけを使い続けさせることになってもいけない。こうしたことは、口コミにも悪影響を及ぼしてしまう。この点については、第７章の「オンボーディングでベストなスタートを切らせる」で詳しく説明する。

セットアップ／オンボーディング：顧客がプロダクトにお金を払うようになると、顧客との関係は劇的に変化する。ベンダーやサービスの提供者にクレジットカードを渡すのは、期待があるからだ。プロダクトを使い始めることへの興奮もあるだろう。顧客を「初めて」や「期待」から「楽しい」や「夢中」という状態へ確実に転換するためには、迅速にソフトウェアをインストールするプロセスが必要だ。

アクティベーション：顧客がプロダクトの魅力を発見し続けるためには、顧客に早い段階で満足を得させる必要がある。顧客がプロダクトを購買する前に抱いていた期待に応えつつ、さらにはそれを超えていかなければならない。こうした取り組みは、早ければ早いほど良いだろう。

クリティカルイベント：新規顧客との関係性における初期段階での目標は、顧客に同じことを繰り返してもらうことだ。例えば、ダッシュボードを設定して定期的に見てもらうことや、顧客企業のメトリクスダッシュボードの一部となるレポートをダウンロードしてもらうなどだ。

アップセル／拡大／更新：顧客に満足してもらえていることを確かめられたら、さらに価値を提供できる方法を模索しよう。結果として、収益の増加につながるだろう。

アドボケイト：プロダクトの体験を楽しみつつ、成功をしている顧客は、そうしたことを自然と話したくなるものだ。そうした顧客のエネルギーと熱意を活用して、他者を紹介をしてもらったり、マーケティングキャンペーンやメディアを盛り上げてもらったりする方法はたくさんあるだろう。満足している顧客は最高のマーケティング担当者であり、こうした顧客をビジネスの代弁者にするためにも、可能な限りの手段を講じるべきだ。

さらに、解約もまた、留意すべき転換の一つである。顧客が上述のステップを順調に進んでいない場合は、そうした顧客はリスクであり、契約終了時にプロダクトの利用をやめてしまう可能性が高いと考えるべきだろう。このような結果を避ける方法については、本書の後半、特に第10章「契約更新と拡大で生涯顧客を作る」で説明する。

このセクションでは、こうしたカスタマージャーニーのさまざまな段階を探っていく。その第一歩として、最初の章では、生涯顧客を創出するための基礎を築きながら、プロダクトの認知度を高める方法を説明する。

CHAPTER 5

プロダクト主導型のマーケティング

Netflixを知ったきっかけを覚えているだろうか？　同僚とのランチや友人とのディナーで、「ケーブルテレビよりも安い料金で見られる、クールなストリーミングサービスがある」と言われたのではないだろうか。そして、1カ月間の無料トライアルを試してみたはずだ。「フレンズ」の最終話を見終えて、他の何百もの番組を見られる自由を手に入れると、月額100ドル以上するケーブルテレビ代に比べて、月額8.99ドルが格安に感じられたことだろう。

今でもNetflixを利用している人は、何十回となく契約更新をしているだろう。他のストリーミングサービスが増えていることもあり、Netflixは、視聴者が見たいと思う番組や映画を毎月継続的に提供する必要がある。Netflixのホームページに行くと、典型的なマーケティングキャッチフレーズやブランドメッセージではなく、「30日間無料」のオファーを目にするだろう。Netflixは、自社のプロダクトが素晴らしい体験を提供しているので、最初の1カ月で有料ユーザーに移行してもらえると確信しているのだ。だからNetflixはホームページのスペースを、マーケティングのために費やすなどということをしない。

Netflixは、世界最大級のソフトウェア企業を成功に導いているいくつかの重要な傾向を体現していて、それは次の言葉に集約される。「プロダクトは新しいマーケティングである」。別の言い方をすれば、ユーザーにレビューを書いてもらったり、紹介をしてもらったりといった、従来のマーケティングにおける多くの要素は、今はプロダクトの内部で起きるようになっているのだ。

レビューによる認知度向上

顧客は以前にも増して賢明になっている。今はインターネット上に情報があふれているので、広告で顧客の行動を促すことが難しくなってきている。プロダクト主導型の世界で重要なのはユーザーのレビューであり、顧客がプロダクトを見つけ、プロダクトについて学ぶ手段がレビューなのだ。

Amazonとそこでのレビューが、私たちのものの買い方を根本的に変えたことを考えてみてほしい。評価の低いものは無視され、評価の高いものは圧倒的に多くの人の目に留まる。本やナイフであろうと、アプリであろうと、あなたのプロダクトが編集者によるトップ10リストのようなものに選ばれれば、プロダクトにとって非常に価値のあるマーケティングとなる。これにより、ファネルの最上部、つまりプロダクトが新しい潜在的な顧客の目に触れることになる。

モバイルアプリ市場では、この現象が顕著に表れている。いわゆる「アプリストア最適化」（ASO, App Store Optimization）は、「アプリストアマーケティング」や「モバイルアプリ SEO」とも呼ばれ、サーチエンジン最適化（SEO, Search Engine Optimization）に似た分野となっている。考えてみれば、GoogleやAppleのストアにアプリをアップロードしたからといって、実際に誰かに見つけてもらえるとは限らない。つまり、検索でウェブサイトを見つけてもらうためにSEO対策が必要なように、ストアでアプリをユーザーに見つけてもらうためにはアプリのさまざまな要素を最適化する必要があるのだ。検討すべき鍵となる要素には以下のようなものがある[41]。

アプリの名前、URL、サブタイトル：ユーザーがアプリを見つけるために使用する可能性のある検索ワードと、アプリの名前は一致しているか？

アプリのキーワード：ウェブサイトのSEOと同様に、ユーザーがアプリを見つけるために、使用する可能性のあるキーワードを慎重に検討する。

アプリの評価とレビュー：ユーザーは説得力のあるレビューがあるプロダクトに惹かれるものだ。それだけでなく、ユーザーは新しいレビューやレビューの数にも注目する。レビューの数が多ければ多いほど、ユーザーを惹きつけるチャンスが高まるのだ。

アプリのダウンロード数：レビューと同様に、ダウンロード数が多ければ多いほど、あなたのアプリはユーザーにとってより確かなものになる。特に、ストア独自の人気アプリランキングに掲載されるようになると、新規ユーザーの獲得につながる。

SEO対策と同様に、アプリのマーケティングも「設定したら終わり」ではない。常に結果を評価し、キーワードを微調整することで、アプリのレビュー数やダウンロード数を増やす方法を探す必要がある。

ユーザーがインターネットやスマートフォンを使って、プロダクトを見つける方法が大きく変化していることの影響は軽視できない。ユーザーがプロダクトを体験して、その体験をどのように世界に発信するか、ということが、新規顧客を惹きつける（あるいは嫌われる）方法を完全に変えてしまったからだ。レビューはプロダクトの認知度に影響を与えるので、レビューでユーザーにどう言われるのか予測しておく必要がある。もし否定的なレビューが寄せられ始めたら、その問題に注意を払い、対処を始める必要がある。なぜなら、新規顧客があなたのプロダクトに注目するかどうかは、そういったレビューから即座に影響を受けるからだ。

こうしたことはBtoBプロダクトでも同じことが言える。エンタープライズプロダクトを開発している企業はかつて、アナリスト企業であるGartner

---

41 Lee Wilson, "A Complete Guide to App Store Optimization (ASO)," Search Engine Journal, March 14, 2018; https://www.searchenginejournal.com/app- store-optimization-how-to-guide/241967/

社やForrester社のような主要なインフルエンサーに、自社プロダクトについて良いことを言ってもらえるように働きかけたり、お金を払ったりしていたものだ。アナリスト企業の競合マップの右上に位置付けされる基準を満たすプロダクトを作ることへの投資は、とても一般的なことだった（私たちの業界では今でもそうだ）。しかし、G2[42]やTrustRadius[43]のような不特定多数のユーザーによるレビューサイトが登場したことで、この流れが変わった。今では、実際の顧客がソフトウェア体験をオンラインで自由に共有できるようになっている。G2では、ユーザーからのリアルなレビューで構成された独自の競合マップを作成している。ここでのポジショニングを誘導したり、コントロールしたりする方法はない。良いプロダクトを作るしかないのである。

とはいえ、世界で愛されているプロダクトであっても、レビュー数が少ない場合もある。このことは、プロダクトの中にレビューを書いてもらう仕組みを「設計に取り入れる」ことの重要性を示している。プロダクトデザイナーは、本当に喜んで熱心に利用してくれているユーザーがレビューを残してくれるように、優しく促す方法を見つける必要がある。例えば、NPSを使ってプロダクトを評価してもらい高い評価を得られた場合、レビューサイトへのリンクを表示する機能を組み込むことができるだろう。

良い例として、FourKites[44]という予測分析プラットフォームがある。このプラットフォームは、IoTデバイスに接続して物流システムと統合することで、フォーチュン500企業やサードパーティの物流企業の荷物を追跡するもので、ユーザーにG2にレビューを書くことを奨励している。ユーザーがアプリのNPSアンケートに回答すると、G2にレビューを書くことを求めるメールが届く。この戦略を用いて、FourKitesは競合他社よりも多くのポジティブなレビューを集めた。こうしたキャンペーンにより多数のレビューが寄せられ、平均評価は5点満点中4.8点となった。

ユーザーにレビューを書いてもらうために、次のような文言を入れること

42 https://www.g2.com/

43 https://www .trustradius.com/

44 https://www.fourkites.com/

ができるだろう。「もし数分のお時間があれば、○○（プロダクト名）のレビューを書いていただけないでしょうか？」。あるいは、「○○（プロダクト名）ファンの皆さん！　数分でレビューを書いて、あなたの経験を共有してください」などだ。

また、ユーザーがレビューを残してくれるようなインセンティブを組み込むこともできるだろう。「○○（プロダクト名）のレビューを書いてください。お礼として、25ドルのギフトカードをお送りします」。あるいは、「あなたが感じたことに25ドルをお支払いします？　○○（プロダクト名）のレビューを書いて、25ドルのギフトカードを手に入れましょう」などだ。

レビューキャンペーンがどのように成果をあげているかを計測し、監視することも重要である。どのくらいのレビューが集まっているだろうか？　対象者を微調整したり、最適化したりする余地はあるだろうか？　異なる文言を試す可能性はあるだろうか？　まだやっていないのであれば、インセンティブを提供するのはどうだろうか？　繰り返しになるが、目標はユーザーや顧客がレビューを書くという行動を起こす方法を見つけることである。それが新しいユーザーや顧客をプロダクトに呼び込むことになる。もし、プロダクトが価値を提供できていて、顧客がNPSの高いスコアを示して価値を認識しているのであれば、レビューへの行動を促すのに最適なタイミングとなるだろう。

リファラル（紹介）

自社プロダクトを活用してその認知度を高めるもう１つの方法は、アドボケイトを育成し、特定することだ。アドボケイトとは、ブランドやプロダクトのアンバサダー（大使）のことで、プロダクトの普及に貢献をしてくれるユーザーのことだ。一般的に、アドボケイトはリファラルを通じてプロダクトを広めてくれる。リファラルには、直接的なリファラルと間接的なリファラルの２種類があり、どちらも活用することができる。

直接的なリファラル

直接的なリファラルとは、現在の顧客やユーザーにお願いして、例えば、友人や知り合いにプロダクトのサイトへのリンクを送ってもらうようなことだ。紹介してくれたユーザーには何か特典をつけてもいいだろう。

Pendoで使っている面白い手法の1つに、ユーザーのプロダクト利用記念日を祝うアプリ内の機能がある。仮想の紙吹雪を飛ばし、1年で一番良かったことを尋ねるのだ。これは、プロダクトの良い点についてのフィードバックを募ると同時に、アドボケイトを増やす機会にもなる。

間接的なリファラル

少し間接的な方法で、プロダクトを新しいユーザーに知ってもらうこともできるだろう。例えば、友人からメールを受け取ったとき、本文の下に「Gmail で送信」のようなことが書かれていることを想像してほしい。これは、プロダクトを宣伝する強力かつ巧みな方法であり、口コミ性を高めると同時に、メールを送った先の第三者にもプロダクトの利用を検討してもらうことができるのだ。

Zoom[45]は、素晴らしいプロダクト主導型ビジネスだ。もしあなたがZoomの顧客やユーザーでない場合は、Zoomの会議に招待されることは最適なリファラルになるだろう。まず、その会議のオーナーがプロダクトを間接的に推奨していることになり、そして会議に招待された全員が間違いなくそのプロダクトを利用することになる。こうした体験自体は往々にして良いものなので、ソリューションを宣伝する素晴らしい方法になるのだ。

プロダクトに見合ったリード

リードとは、プロダクトを購入する可能性のある人のことだ。リードの中には、他の人よりも高い購買意欲を示す人がいる。マーケティングチームは、

45　https://zoom.us/

リードを行動に基づいてスコアリングするプログラムやシステムを利用していることがあるだろう。例えば、ウェビナーに参加することはあるレベルの関心を示している。ここで1週間に3回ウェブサイトにアクセスし、20分かけて価格表のページを読んだ人がいたとする。この人たちは、ウェビナーに参加した人と比べて、プロダクトを購入する可能性が高いだろうか？　それとも低いだろうか？　マーケティングチームは、この2つの例をそれぞれマーケティング適格リード（MQL, Marketing Qualified Leads）とみなすだろうが、それぞれの行動に基づいて異なるスコアを付けるだろう。企業はこのスコアを利用して、自社の行動を調整する。例えば、ウェビナーに1回参加しただけの人よりも、前述のウェブサイトを見ていた人の方が電話を取ってくれる可能性が高いので、営業担当者に電話をかけるように勧めるだろう。

今の時代のユーザーに新しいプロダクトを買ってもらうには、価格設定やウェビナーだけでは不十分だというのが正直なところだろう。BtoCかBtoBのプロダクトを問わず、ユーザーはプロダクトの購入前に試してみたいと思っているものだ（次のセクションで詳述する）。プロダクトマネジャーにとって重要なのは、ユーザーが最終的にお金を払ってくれるように、最初の体験や第一印象を素晴らしいものにすることだ。

そこで、プロダクト適格リード（PQLs, Product Qualified Leads）の出番となるわけだ。PQLsとは、無料トライアルに登録したり、安価な有料プランに登録したりすることで、プロダクトに興味を示しているユーザーのことである。別の定義で言えば、PQLsはプロダクトを利用していて、有料顧客になる可能性が高いと思われる行動をとった、潜在的な顧客のことだ。この種のリードを生み出せている企業は、すでにそうした人をプロダクトに引き込んでいるという点で優位に立てている。

小売業やサービス業で一般的な、初めて来店した顧客に割引を提供するという戦略を考えてみよう。マッサージ店や洗車場、レストランなどでは、最初の体験で顧客を引き入れることで、将来の顧客との関係が何百ドルもの収益をもたらすことに賭けているのだ。

新規ユーザーがプロダクトをどう利用したかを即座に分析し始めることができれば、プロダクト主導型企業としてこの戦略を最大化するために最適なタイミングを掴めていると言える。そして、プロダクト主導型企業はプロダクト適格リードを有料ユーザーにコンバージョンさせることを視野に入れて、ユーザーの行動を理解する。ユーザーのログイン頻度、他のユーザーより利用頻度の高い機能、ユーザー層の規模などのメトリクスは、顧客としての見込みをより明らかにするだろう。

しかし、この戦略は新規顧客だけを対象としたものではない。PQLsは関係性の発展を望んでいる既存の顧客においても存在しうるだろう。

PQLsにアクションを起こす

ここまでで、ユーザーが実際にプロダクトをどのように利用しているかが、ユーザーの購買意欲のサインになることを説明した。では、何をすればいいだろうか？　MQLを追うのと同じように、人手をかけたテクニックを使うことができる。つまり、電話やメールなどで顧客に連絡を取る方法がある。あるいは、プロダクトそのものを使って、コンバージョン、アップセル、リセルを行うこともできる。後者については、第6章の「ユーザーを顧客に変える」で説明する。

購入前のトライアルとフリーミアム

プロダクト主導型の世界では、人々はお金を払う前にトライアルをしてみたいと思っている。顧客の期待するところは一変したのだ。実際のところ、見込み顧客は、まず試せないと、プロダクトに見向きもしないだろう。その上、トライアル期間中は担当者から連絡がきたり邪魔されることを嫌がるだろう。

ユーザーにプロダクトの購入前に試してもらう主な方法の1つが、近年はよくフリーミアムと呼ばれているものだ。クリス・アンダーソンの著書『ロングテール[46]』で紹介されているように、フリーミアムではユーザーにプロ

46 『ロングテール』（クリス アンダーソン 著、篠森 ゆりこ 訳、早川書房、2006年）

ダクトの少なくとも一部を無料で使用してもらうことで、コンバージョンまたはプロダクトの購入を促す。したがって、目標は30日から90日という限られた期間に、人の手を介さずプロダクトのトライアル版を使ってもらうことだ。

しかし、フリーミアム戦略を展開する際には、コンバージョン目標を設定しつつ、第1章で示した「Whyから始める」という言葉を忘れないことが重要だ。多くの企業にとっての目標は、できるだけ多くの人にプロダクトを使ってもらい、基準となるユーザー群を構築することだ。そうすることで、プロダクトが選ばれるようになるまでの勢いを加速できる。ユーザーが増えれば増えるほど、フィードバックサイクルが速くなり、強力なプロダクトを作り上げることができる。私の心に残っている言葉に、「大口顧客はあなたを金持ちにするが、小口顧客はあなたを偉大にする」というものがある。この言葉の意味するところは、多くのことを要求する小口の顧客を喜ばせることができれば、大口の顧客のニーズは満たせるということだ。そして、より多くの小口顧客を軌道に乗せるための戦略的な方法の1つは、小口顧客が少ないコストでプロダクトを試せるようにすることだ。

フリーミアム版のプロダクトを設計する際には、いくつかの異なるアプローチがある。例えば、期間限定でプロダクト全体を無料で利用できるようにしたり、あるいは見込み顧客の興味を引くために、利用できる機能を少なくした軽量なバージョンを提供することもできるだろう。さらには、市場で一般化している機能の限定版を提供することもできるだろう。この例として、Adobe Acrobatが思い浮かぶ。Adobeはコンテンツを読むためのAcrobat Readerでは課金をしていない。しかし、ユーザーがReaderで共有できるコンテンツを作成するソフトウェアでは課金をしている。この方法は特に効果的だ。なぜなら、ユーザーがReaderを自分の顧客に共有することで、Adobeの将来的な潜在リードが生まれていくのだ。これは要するに、プロダクト主導型マーケティングと言える。

フリーミアム戦略にはもう1つ利点がある。ユーザーは多くの場合、無料と有料のソリューションに対して異なる期待を抱いていることだ。私たちは、お金を払ったものに対しては、払っていないものよりもずっと批判的になる傾向がある。もちろん、だからといって無料のものは粗悪なプロダクトやプロダクト体験でいいというわけではない。欠陥やバグのあるプロダクト体験は、フリーミアムの提供にも悪影響を及ぼす。しかし、無料のソリューションは、有料のソリューションよりも少し「DIY（Do It Yourself）」なことがあるだろう。オープンソースのソリューションは、無料であり、いじくり回すのが好きで自分でセットアップをするのが苦にならない開発者をターゲットにしていることが多い。以前、私はカスタムハードウェアとオープンソースソフトウェアを使って、家庭用のファイル共有システムを構築したことがある。セットアップを楽しみながら、非常にパワフルなシステムをかなり手頃に手に入れることができた。そして、そのシステムに何か問題が発生したときには、私自身が「技術サポート」として、その役割をかかさず果たしてきた。一方で、自身のビジネスにおいては、プロフェッショナルなソリューションを購入して、あらゆる問題にベンダーが対処してくれることを期待している。

フリーミアムモデルによる大きな成功例としては、HubSpot[47]も挙げられる。この企業は、Website Graderという無料ツールを売り込んでいた。ウェブサイトの運営者は、このソフトウェアを使ってサイトのアクセシビリティやユーザビリティを評価することができた。また、サイトの弱点を修正する方法を提案してくれて、HubSpot に登録すれば改善方法が簡単にわかるようになっていた。これはプロダクト主導型マーケティングの見事なアプローチだ。つまり、ユーザーのニーズを特定するプロダクトを提供した上で、そのニーズを自社の主力プロダクトが満たすようにしたのである。

「無料」における課題

フリーミアム戦略には明白な力があるが、何を提供し、何を提供しないかという点で、非常に微妙なバランスをとる必要がある。提供しすぎてはいけないのは当然のことだが、十分に提供していないと逆効果にもなるだろう。しかし、提供しすぎることへの恐れは強力なモチベーションにもなるだろう。例えば、オンラインメディアなどのトライアル版を利用したときに、最初のページも読めていないのに、有料の壁に阻まれたときの苛立ちを思い出して

47 https://www.hubspot.com/

欲しい。私はこれを「クリップルウェア[48]」の罠と呼んでいる。実際にプロダクトを試してもいないのに、お金を払えと言われたことに腹を立ててしまうのだ。

この罠を避けるためには、ユーザー側に何ができるのかについて前もって明確にしておくことが鍵となる。この点で、The New York Timesのオンライン版は良いやり方をしている。毎月10本の記事を無料で読むことができると、ユーザーに説明しているのだ。もっと読みたければ、購読を申し込む必要がある。これは、定期購読を申し込む前に試すのには最適な量だ。しかし、もし読むことができる無料記事が月に20本だったら、トライアルユーザーは有料会員にはならないかもしれない。

こうした時には、プロダクトの利用状況の分析に頼るといいだろう。顧客が何を使っているかを追跡できるほど、より良いフリーミアム戦略のバランスポイントを見つけられる。例えば、平均的な顧客が月に５つの何かをプロダクトの中で作成しているとする。その場合、無料で作成できる数の閾値を３つに設定して、それ以上作成するためには有料会員になってもらうようにするのだ。考え方としては、顧客がプロダクトをにお金を払った方が良いと思うくらいのペインを感じながらも、怒って使うのをやめてしまうほどではないポイントを見つけることだ。

真実の瞬間はトライアル中に訪れる。そのプロダクトは、お金を払う価値のある体験を提供できているだろうか？　それを毎月のように継続できるだろうか？　トライアル以降は、顧客との接点のほとんどがプロダクトの中にあるのだ。

無料の摩擦

現状維持というのは私たちを強力に繋ぎ止めるものだ。マイケル・ルイスの『かくて行動経済学は生まれり[49]』を読んだことがあるか、またはヒューリスティック・バイアスを勉強したことがあるなら、人がすでに持っているものを失うことをどれほど嫌うかを理解しているはずだ。実際のところ、同

48　訳注：利用に耐えられないほどの機能制限のある試用版のソフトウェアこと。

等のものを前にして、私たちは得る喜びよりも、失う痛みを数倍大きく感じるものだ。だからこそ、プロダクトのトライアルはうまく機能すれば効果的なのだ。

プロダクトの利点を簡単に体験でき、同等の代替品がほとんどないという場合には、無料トライアルは失う恐怖を強調するための最適な方法だろう。私たちは実際に利用しているものを失いたくないからだ。つまり、無料トライアルの魔法はコストがかからないということ以上のものなのだ。無料であることよりも、ユーザーの積極的な利用の中に魔法があるのだ。この意味で、オンボーディングとマーケティングは、ユーザーが早い段階で多くの価値を実感できるようにするために、非常に大きな役割を果たす。

では、定着化を阻むものは何だろうか。主な元凶は、登録（オプトイン）の際の摩擦や解約（オプトアウト）の容易さにある。Netflixは素晴らしいパッシブオプトインの技術を完成させた。Netflixが大成長を遂げた初期の頃、人々は映画を郵送のDVDで視聴していたのだが、当時Netflixのストリーミングサービスは、他の商品を購入した際に無料で付いてくるものにしたものだ。また解約についても、ストリーミングの価格が無料から10ドル、そして月額15ドルになっても、簡単にできるようになっていた。それでも解約されなかったのは、不公平な方法や透明性を欠く方法をとったわけではなく、ストリーミングサービスを重要機能に位置づけ、ユーザーの行動に最適化したからだった。しかし機能が複雑だったり、カスタマイズが必要なプロダクトの場合はどうだろうか？　そうなると、別の手法が必要になってくる。

無料かどうかが問題ではない時

結局のところ、人間の注意力は短い時間しか続かず、すぐに混乱してしまう。プロダクトを無料（フリー）にしたからといって、それがエンドユーザーにとって本当にコストフリーとは限らない。時間は私たちにとって最も貴重なものの1つだ。ゲーム企業やその他のソーシャルメディア企業は、ユーザーの自由（フリー）な時間を奪い合っていることを理解している。つまり、

49 『かくて行動経済学は生まれり』（マイケルルイス 著、渡会圭子 訳、文藝春秋、2017年）

ユーザーの注目を集め維持するためには、プロダクトを粘着性のある面白いものにしなければならない。FacebookやInstagram、Snapchatなどの競合サービスがすべて無料であることを考えると、どのようにあなたのアプリケーションに興味を持ってもらえばいいのだろうか。例えば、Snapchatの「ストリーク」と呼ばれる機能は、ユーザーが何日も連続してメッセージをやりとりすることで報酬が得られる機能だ[50]。このストリークは、今ではティーンエイジャーの間で友情の質を測る尺度としてみなされているので、ユーザーは自分のストリークを維持するために、毎日ログインしなければならないのだ。

CASE STUDY

ガイド付きの試運転

エンドユーザーがプロダクトから受けている実際のパフォーマンスを理解するためのデジタル体験モニタリングプラットフォームを提供するCatchpoint社[51]は、多くの企業向けソフトウェア企業と同様に、見込み顧客に30日間のトライアルを提供している。「当社のマーケティングは、ホワイトペーパーなどを使って見込み顧客を獲得し、トライアルにつなげるというものです」とプロダクトマネジャーのノームは語る。さらに「課題は、トライアルの設定に複雑な手間がかかることです。私たちは、当社のプラットフォームから得られる価値を実演したいと考えていますが、そこに至るまでには、顧客をいろいろとサポートする必要があるのです」と続ける。

トライアルを開始するには、NDAに署名し、クライアントプログラムを設定し、どの機能を有効にするかを考え、プログラムをデプロイし、クライアントのアプリケーションにおいてトラッキングを開始する必要がある。ノームは、「ユーザーの中には、ITオペレーションやネットワークに精通している人もいて、そのような人は数日で使い始められます。しかし、多くのユーザーはサポートを必要としています。私たちのアプリケーションにはたく

50 Taylor Lorenz, "Teens explain the world of Snapchat' s addictive streaks, where friendships live or die," Business Insider, April 14, 2017; https://www.businessinsider.com/teens-explain-snapchat-streaks-why-theyre-so-addictive-and-important-to-friendships-2017-4

51 https://www.catchpoint.com/

さんのオプション機能があり、コミュニケーションしなければならないこともたくさんあります。このようなことを1回の営業電話で済ませることは明らかに困難です。通常、アカウント担当者とパフォーマンスエンジニアが、顧客にこのツールで何ができるかを説明するミーティングを数回行っています」と言う。

トライアルの実施に関わるのは、営業チームやカスタマーサクセスチームだけではない。「クライアントプログラムの設定などのエンジニアリングの仕事の他に、財務チームは自分たちのシステムにアカウントと初期契約を登録する仕事もあります。結局、トライアルのたびに多くの負荷が発生し、営業サイクルを遅らせることになってしまうので、マーケティングチームは、このプロセスを加速し、簡略化したいと考えています」とノームは語る。

ノームは最終的に、Pendoのいくつかの機能を利用して、短いガイド付きのセルフサービス体験を作成した。「ガイド付き体験の背後にあったアイデアは、プロダクトの価値を示しつつ、セットアップをできるだけ省くことでした。体験用のクライアントプログラムを1つ作成し、そこに架空のテストデータを入れました。そして、見込み顧客に一般的な使用例を紹介するウォークスルーを多数作成し、アプリケーションからどのように価値を得られるかを紹介しました」とノームは語る。

「どのウォークスルーをその体験に含めるかを決めるのに、かなり幅広いチームが参加しました。エグゼクティブチーム、営業、マーケティングのメンバーが集まり、紹介したいユースケースと機能を表にまとめました。ウォークスルーの優先順位は、その機能を体験の中でどれだけうまく見せられるか、業界のこれからの方向性に沿った先進的な機能はどれか、顧客が解決しようとしている最も共通的な問題を解決する機能はどれか、ということに基づいて決めました」とノームは続ける。

そしてノームのチームは、優先順位の最も高いウォークスルーをガイド付き体験の一部として構築した。「それぞれのウォークスルーをガイドセンターに追加しました。顧客のデータがなくては機能をうまく説明できないような場合には、スクリーンショットやビデオを埋め込んで、どのような体験ができるかを説明しました。また、ガイドセンターをZendeskと統合することで、ユーザーへのサポートを充実させました。ユーザーはガイドセンターから、サポート依頼の登録や、サポート担当者とのチャットを開始することができ、もちろん実際に体験してみて気に入った場合は、いつでもフルトライアルに移行することができます」

新しいトライアル体験

この７日間のガイド付き体験により、トライアルにかかる時間と作業負担の両方が削減されたという。「マーケティング用のランディングページを用意し、ユーザーが直接体験に登録できるようにもしました。ユーザーがサインアップすると、営業開発担当者が登録ユーザーをガイド付き体験に追加します。またエンジニアリングチームは、７日後にユーザーのアクセス権を削除するAPIジョブを作成しました。営業チームがトライアルユーザーの進捗状況を簡単に把握できるように、Salesforceも連携しました。訪問者のレポートを作成して、どのウォークスルーを試しているか、どの機能をチェックしているか、何に興味を持っているかを確認し、その情報をSalesforceに送りました。営業チームはトライアル体験の終わりに、見込み顧客とプロダクトについて実りのある議論を行うことができ、30日間のフルトライアルに誘導することができるのです」

「ガイド付き体験を使ったユーザーは、フルトライアルに際してより多くの知識を持っているので、結果的により多くの価値を得ることができます。リリース以来、マーケティングで獲得した案件の10％がこのガイド付きの試運転を経由しており、そこで獲得したリードは、フルトライアルのプロセスから始めたリードの約２倍の早さで成約しています」とノームは続ける。

こうしたガイド付き体験の成功を受けて、Catchpointのチームは、すべてのユーザーにこのコンテンツを展開している。「有料会員の顧客にも、アプリ内でのトレーニングを提供したいと考えています。顧客は、プロダクト内で直接サポートにアクセスし、サポート依頼チケットを登録したり、チームメンバーとのチャットを開始したりできます」

まとめ

プロダクトの認知度を高める営みは、まずプロダクトを通じてユーザーを惹きつけることから始まる。プロダクト主導型の世界では、マーケティングはプロダクトの中で行われるのだ。これには、顧客にレビューを作成してもらったり、リファラルしてもらうことで、プロダクトの認知度を高めることも含まれる。また、新規ユーザーをプロダクトに引き込むための最良の方法の1つは、無料トライアルを通じてプロダクトを使ってもらい、プロダクト自体でユーザーのコンバージョンを促進する方法を見つけることだ。もちろん、最終的な目標は、ユーザーをプロダクト体験の中心に据え、ユーザーを魅了する方法を見つけることだ。それができれば、無料ユーザーを有料ユーザーにする機会も増えるだろう。それが次の章のテーマだ。

CHAPTER 6

ユーザーを顧客に変える

近年の興味深い動きの１つは、いわゆるDIYと呼ばれる顧客の姿勢が現れていることだ。言い換えれば、顧客は自分自身の行動や成果を自分自身でコントロールできることを喜ぶのだ。良いニュースとしては、こうしたことを実現するための多くのツールを、本書のここまでですでに紹介していることだ。

事例としてCitrix社のプロダクトチームを紹介する。彼らは、ファイル共有プロダクトであるShareFile®[52]の無料トライアルユーザーをより早く有料ユーザーにコンバージョンしたいと考え、トライアルからのコンバージョン率を10%向上させるという目標を設定した。トライアルユーザーをできるだけ早く「アハ・モーメント」にたどり着いてほしかったのだ。

このチームは、ShareFileのユーザーのコホート分析を行い、最も早く転換に至ったトライアルユーザーの行動を理解しようとした。そして、トライアルユーザーを最適なトライアルの利用パターンに導くために、プロダクトのウォークスルーを開発したのだ（ウォークスルーとは何かと、どのように機能するのかについては後述する）。また、プロダクトの利用データから、どのコンテンツが最も効果的にユーザーに行動を促したのかを学び、そうし

52 https://www.sharefile.com/

たコンテンツにさらなる投資をした。

結果として、Citrixのチームは、目標を上回る28%のコンバージョン率を達成し、翌年の収益増加に貢献することとなった。プロダクトの利用データから得られたインサイトを利用して、ユーザーにトライアルの成功方法を示し、有料ユーザーにコンバージョンさせたのだ。

このチームが得た学びの要点はオンボーディングの中にあった。それは、ユーザーがやりたいことを可能な限り早く、シンプルな方法で正確に示せば、ユーザーは価値を見出し、定着してくれるということだったのだ。以下に、ユーザーのコンバージョンを計測し、最適化する方法をいくつか紹介する。

1　プロダクトの利用状況を追跡し、コンバージョンしやすいユーザーの行動を把握する。顧客や見込み顧客がコンバージョンした時点やその頻度を追跡することで、ユーザーの体験を改善すべき機能を特定したり、ユーザーが自分に適した新しい機能を発見できるように、メッセージやツールチップを追加する。

2　顧客の健全性に関するベンチマークを設定する。これには機能の定着状況、機能継続状況、NPSなどを組み合わせたものが考えられる。

3　コンバージョン、契約更新、拡大の先行指標を決定する。

4　カスタムメッセージを含む、アプリ内メッセージングをまとめた資料を作成する。

5　どのコンテンツがうまくいっていて、どのコンテンツがそうでないかを計測する。

見込み顧客を顧客に変える

先述したように、無料トライアルを提供する理由の大部分は、ユーザーやPQLs（プロダクト適格リード）を最終的に有料顧客に変えることだ。そして、プロダクト主導型の世界では、そのコンバージョンを促進するためにプロダクトそのものを利用すべきである。データやメトリクスを利用できるとしても、画一的なアプローチですべての顧客をコンバージョンに導くことができると考えるべきではない。いくつかの取りうるアプローチを紹介しよう。

利用制限

前章で紹介したNew York Timesの例に戻ろう。その月の10個の記事の利用制限に近づくと、それがトリガー（引き金）となって、購読の申し込みを促すパーソナライズされたメッセージが送られてくることだろう。例えば、次のような内容だ。「こんにちは、トッドさん。私たちの新聞を楽しんで読んでくれているようですね。残念なことに、今月の無料で読める記事はあと１つしか残っていません。アップグレードしていただければ、最初の月は無料にします！」。こうしたアプローチはNew York Timesには有効だろうが、それぞれの市場を理解してアプローチすることが重要だ。明確な代替プロダクトがある市場の場合は、上記のようなメッセージがあまりにも突然であったり、イライラさせるものであると、ユーザーを遠ざけ競合他社に乗り換えさせてしまう危険性がある。そこで、トライアルが終了する前にユーザーに注意を促すことが重要となってくる。New York Timesでは、記事を読むたびに残りの記事数を表示してくれる。そうすることで、制限に達しても驚くことはないだろう。

ヘビーユース

ユーザーが明らかにプロダクトを多用している場合も、プロダクト主導型のトリガーを利用できる。次のようなメトリクスで明らかにできるだろう。

- ・一定期間に何度もログインしている
- ・プロダクトを何時間も使っている
- ・利用可能なすべての機能を何度も使用している
- ・利用可能なアドオンをインストールしている

こういった場合、ユーザーにプロダクトの有料版ではさらに強力な機能が利用できることを、メッセージとして送ることができるだろう。

高度な機能

TurboTax[53]は、フリーミアムにおけるコンバージョンの良い事例だ。彼らは多くのテクニックを採用し、実験をしてきた。1040EZ 書式で提出できる税務申告書は、以前はすべてのユーザーに無料で提供されていた。これは一般的に、財務処理があまり複雑でない個人を対象としたシンプルな書式だ。このような人たちは、税務サービスにお金を払うことも少ないので、「申告で損をする」とはあまり考えないだろう。しかし、これらのユーザーが家を購入し、住宅ローン控除を受けようとすると、項目別に申告するためにより複雑な書式の申告書が必要になる。こうなると、ユーザーはコンバージョンし費用を払うことになる。この戦略は、相対的に価値の低い一般的な機能を提供した後に、より高度な機能でマネタイズすることにある。

プロダクトの成果

無料トライアルのユーザーにコンバージョンを促す最も強力な方法の1つは、プロダクトを利用して得られた結果を追跡して見せることだ。例えば、あなたのプロダクトが何かの商品を販売するためのeコマース・プラットフォームだとする。そのプラットフォーム上でユーザーが出品した商品が売れたとしたら、プロダクトの利点をアピールをするチャンスだ。またプロダクトの完全版へのアップグレードを促すのにぴったりのタイミングでもある。そのタイミングで「完全版にはさらに多くの機能が搭載されているので、より簡単に商品を販売することができます」というようなアプリ内のメッセージを出せるだろう。

まとめ

リードを顧客にするためには、営業チームが不可欠であることに変わりはないが、プロダクト主導型企業では、ユーザーのコンバージョンを促進する

53 https://turbotax.intuit.com/

ためのプロダクト自体の力も認識する必要がある。ユーザーの行動を計測し、顧客化を促す自動化されたトリガーを開発することで、プロダクト自体を営業エンジンに変えることができる。しかし、いったん顧客を獲得したら、あるいは既存顧客から新規ユーザーを獲得したら、ユーザー体験を最大化するために、できるだけ早くプロダクトを使いこなせるようにすることが不可欠だ。この「オンボーディング」が次のトピックだ。

CHAPTER 7
オンボーディングで ベストなスタートを切らせる

人の第一印象が決まるまでに必要な時間はコンマ1秒だ。おそらく私たちは、その人の身振りや服装、ささやかな仕草に現れる親切心や思いやりを読み取るのだろう。人間関係の形成において、いつまでも後に残るこうした瞬間があるものだ。これは、顧客の注意を激しく奪い合っている現代において、特に重要なことだ。その第一印象によって、私たちは「これが次に来るものよりも良いものである」という決断をする。

これはソフトウェアプロダクトでも同じだ。プロダクトの第一印象は、そのプロダクトが貴重な時間を使い、注目に値するものかどうかを判断する材料となる。ユーザーが気に入ってくれるか、それとも離れていってしまうかどうかということだ。第一印象が、ユーザーを迎え入れられるのか、もしくは遠ざけてしまうかを決めるのだ。

第一印象を良くするには、ユーザーが達成したいことの理解から始める必要がある。あなたが大きな組織、例えば電話会社や保険会社に最後に問い合わせたときのことを思い出してほしい。電話で問い合わせると、対話型の音声応答システムが、苦痛に感じるほど単調で、もだえるようにゆっくりとしたテンポでメニューの番号を提示してきたのではないだろうか。しかもそのメニューは、あなたの問題解決に役立つ仕組みというよりは、その企業の部署の都合のように感じたかもしれない。生身の人間とつながった後、おそらくその担当者は、すでに知っているはずの情報を、何度も言うように求めただろう。このような自己中心的で調子外れなことは、普段の生活で起こる関わりでは考えられないはずだ。

しかし、なぜかこうしたことはよくあることだと思ってしまうのだが、このような経験からは、私たちの時間が大切にされていないという印象を受けてしまう。企業は、私たちの個別のニーズを理解して解決しようとしているのではなく、自分たちの内部の狂気を押し付けているのだ。こういったシーンに接すると、本来の顧客は一体誰なのかと問いたくなるだろう。

これはインサイド・アウト（中から外）思考の一例である。顧客のニーズや要望からではなく、自社の目標や制約の視点からユーザーの体験を設計をしてしまう傾向があるのだ。その反対に、アウトサイド・イン（外から中）でユーザーの体験を設計する方が、より良い出発点になる。つまり、ユーザーがユーザー・ジャーニーのどの段階にいるのか、どんなユーザーが何を必要としているのか、そしてプロダクトの中で何を達成したいと思っているのか、というレンズを通してユーザーの体験を設計するのだ。

顧客体験の設計では、自社の都合を組み込んでしまいがちだ。とはいえ、意図的にそうしているわけでもない。実際、これまで出会ってきた企業は、何らかの形で顧客をミッションの中心に据えていた。しかし、リソースや投資の優先順位を決めるときには、こうしたミッションとの紐付きがいとも簡単に切れてしまうのだ。

多くの企業は、まず自分たちの目標に焦点を当ててしまう。それが自分たちにとって一番理解できていることであるし、ユーザーが何を達成しようとしているのかを理解するには相当な努力が必要だからだ。あるいは、ユーザーの視点から体験を設計していたとしても、それは表面的なもので、そうした体験を簡単で心地よいものにするといった細部は見過ごされている。なぜだろうか？　それは、これらのインサイトが表面的にはほとんど明らかにならないからだ。そうしたインサイトを得るには、より多くの時間と労力が必要になる。

初めての素晴らしい体験を提供するために、多くの企業では人手を使って、新規の顧客やユーザーにプロダクトの紹介やオンボーディングを行っている。プロダクト主導型のビジネスを進めるには、「初めての素晴らしい体験を、人手を使って提供するにはどうすればよいか」という考え方から、「プロダクト自体がそれを実現するにはどうすればよいか」という考え方に変える必要がある。例えば、BtoBの新規顧客向けにオンボーディングミーティングを開催しても、全員が参加するとは限らない。そのため、プロダクト自体がそうした手間のかかる仕事を行い、オンボーディングのプロセスを推進する方法が必要となる。

オンボーディングは、カスタマー体験の極めて重要な部分であり、必ずしも直線的なプロセスではない。オンボーディングは、（もしあれば）トライアルに影響し、コンバージョンにも影響する。トライアルがない場合は、顧客の健全性（最終的に契約更新するかしないか）に影響を与える。ユーザーが求める顧客体験によって、オンボーディングが影響する指標や結果は異なるが、極めて重要であることに変わりはない。

クリティカルイベントとアハ・モーメント

第１章の「終わりを思い描くことから始める」では、ビジネスを推進するKPIに関連して、プロダクトの重大なイベントを特定することを説明した。例えば、トライアルやフリーミアムのプロダクトを提供している場合、KPIの１つは、無料ユーザーから有料ユーザーへのコンバージョン率になるだろう。また、アカウントの健全性や長期的な成長に関連する補助的なKPIもあるだろう。しかし、コンバージョンや顧客維持、拡大を計測するKPIは遅行指標であるため、これらの成果を予測するための先行指標と組み合わせる必要がある。

ここでオンボーディングが重要になるのだ。オンボーディングの段階では、ユーザーに正しい第一印象を与え、ユーザーがプロダクトに戻ってくる習慣を身につけてもらうことが求められる。しかしそれだけではなく、あなたが望むビジネス成果の先行指標となる行動をユーザーに起こしてもらう必要もあるだろう。

前章で紹介したCitrixの例に戻るが、同社は主にインバウンドマーケティングを展開していて、新規顧客は主にトライアルからのコンバージョンによって獲得している。プロダクト主導型組織であるこのチームは、高いコンバージョン率に相関するプロダクトのにおける重要なユーザーの行動を以下の３つに特定した。

1　新規ユーザーアカウントの追加
2　ドキュメントのアップロード
3　10日以内にプロダクトに戻ってくる

ここから、彼らが新しいトライアルユーザーをオンボーディングする際に、ユーザーのどの行動を改善したかを想像できるだろうか？　もちろん、上記３つの行動だ。これらの行動をユーザーに完了してもらうことで、有料へのコンバージョン率が11％上昇したのだ。

こうしたことは、ユーザーがプロダクトの明確な価値を認識し、長期的な関わりを始める「アハ・モーメント」と言えるだろう。例えば、図7.1に示すように、Facebookでは、ユーザーが最初の10日間で７人の友人とつながると、そのユーザーが定着する可能性が非常に高くなることを見出した。同様にSlackでは、チーム内で2,000通のメッセージを送信することが、利用習慣の定着のためのマジックナンバーであるそうだ。

このようなクリティカルイベントやビジネスにおけるアハ・モーメントを特定するには、データサイエンスの活用が必要になる。多変量回帰分析などの手法を用いて、特定の変数（この場合はユーザーの行動やアクション）と特定の求める成果（この場合はコンバージョンや顧客維持、成長）との統計的に有意な相関関係を明らかにする必要がある。主要な指標を特定できれば、自社に有利な形で、新規ユーザーがプロダクトに興味を持ってくれるようなオンボーディング体験を設計することができるだろう。

図7.1 有名なアハ・モーメント　出典：Pendo

定着の習慣をつくる

初回利用時の体験を設計する上での最終的な目標は、ユーザーに定着する習慣を身につけてもらうことだ。行動経済学の分野には、ビジネス戦略、マーケティング、プロダクト体験やユーザー体験の設計を対象とした幅広い研究やビジネス本がある。それらは、人間のモチベーションを支えるものとして、フィードバックと報酬システムの役割に注目している。この分野の代表的な著書である『Hooked ハマるしかけ[54]』の中で、ニール・イヤールは以下のようにラスベガスのカジノを彷彿とさせるようなプロダクトデザインのモデルを提案している。

・あるトリガーが、初めてのユーザーをプロダクトに導く（例えば、ビデオポーカーゲームに興味を持ってもらうための、魅力的なテーマやトーン）

54 『Hooked ハマるしかけ』（ニール・イヤール・ライアン・フーバー 著、Hooked翻訳チーム・金山裕樹・高橋雄介・山田案稜・TNB編集部 訳、翔泳社、2014年）

・ユーザーはアクションを実行するように求められる（例えば、最初のカードゲームを無料でプレイしてもらう）
・ユーザーに報酬をもたらす（例えば、ゲームを体験するためのボーナスのお金）
・ユーザーにプロダクトへ投資をさせる（例えば、ボーナスのお金を次の勝負に投資させる）
・これらを組み合わせて、何度もプロダクトを使わせる。繰り返し勝負する。

これは良い（あるいは悪い）循環だ。ラスベガスのカジノがあれほど大きくて、金ぴかの豪華な装飾が施されているのも不思議ではない。こういったものは効果があるのだ。人間の脳は報酬を求める機械だ。しかしイヤール氏は、習慣性のあるプロダクトを意図的に設計することの倫理的な側面も慎重に指摘している。それは危険な未来につながりうるのだ。今日、ソーシャルメディアへの依存は、10代や若い世代のうつ病や不安症、さらには自殺の原因になると言われている。行動経済学を利用して、プロダクトの初回利用時の体験を作り上げることは、確かにビジネスにとって都合が良いことかもしれない。しかしそれは、ユーザーを害するのではなく助けるという倫理的な行動規範の原則に則って行われるべきである。経験則から言うと、次のような1つのシンプルな問いかけをするのが良いだろう。「ユーザーの人生をより良くする、価値あるものにユーザーを導いているか、それとも自分たちの利益のために、ユーザーの感情をもてあそんでいるのか？」。前者のために、プロダクトにユーザーへの報酬の仕組みを導入するのであればまったく問題ないが、後者に関連するものであれば逆効果になる可能性がある。もちろん、人間は自分自身の行動を正当化するようにもできているので、先ほどの問いかけに正直に答えて欲しい。

オンボーディング体験の設計

あなたが高級レストランや高級ホテルを最後に訪れたときのことを思い出してみてほしい。宿泊しなかったとしても、フォーシーズンズやリッツカールトン、あるいは休暇で訪れた小さなブティックホテルやB&B[55]に足を踏み入れたときのことを思い出してみよう。初めてロビーに足を踏み入れたとき、あなたはどう感じただろうか？　おそらく、細部へのこだわりや心遣いのある雰囲気に感動したのではないだろうか。宿泊するのであれば、誰かが出迎えてくれて、荷物を持ってくれて、そしてフロントデスクへ案内してくれたのではないだろうか。フロントクラークは笑顔でいくつかの質問をしてチェックインを済ませ、ホテルのさまざまなアメニティを紹介してからエレベーターに案内してくれる。とてもシンプルだ。そして、それがまたいい感じなのだ。歓迎されていて、認められていると感じたのではないだろうか。

このような体験をプロダクトの中に設計したいと思うだろう。しかし、ユーザーはそういった体験とは真逆に感じていることが多い。初めての利用時には、コンシェルジュに迎え入れられるような体験ではなく、ぼんやり眺められているように感じている。初めてのユーザーは、「見知らぬ土地に来た見知らぬ人」ではなく、「ワクワクするような新しい場所に迎え入れられた人」であるべきだ。このような体験をきちんと届けるためには、細部にまで気を配る必要がある。

カスタマージャーニーは、顧客がプロダクトを購入するずっと前から始まっているが、プロダクトジャーニーはオンボーディングから始まる。このことを間違えると、たやすく解約されてしまう。しかし、オンボーディングが正しくできれば、プロダクトの拡大は必然となる。１つの機能が次の機能へとつながり、機能の定着が価値となり、新しいユースケースが生まれ、新しい顧客のグループや新しいペルソナへの扉が開かれるのだ。

また、オンボーディングには見落とされがちな側面がいくつかある。１つは、BtoCとBtoBの企業ではオンボーディングの内容が異なることだ。BtoCの世界では、個々の消費者に第一印象を与えることが重要になる。しかし、BtoBでは、オンボーディングには組織的な問題や、管理上の問題を考慮しなければならない。考えてみてほしい。ある組織のユーザーグループを登録

55　訳注：「Bed & Breakfast」の略。主に英語圏の小規模な宿泊施設で、宿泊と朝食をセットにした簡素なタイプの宿のこと。日本における民宿が近い。

しても、その中にはプロダクトを利用も管理しない人がいるかもしれない。彼らはプロダクトを購買しただけかもしれないのだ。このような要素を考慮して、ユーザーの役割に応じてパーソナライズしたオンボーディング体験を用意する必要がある。

この方程式のもう1つの鍵となる要素は、企業内の人員は時間とともに変化するということだ。あるユーザーが役割が変わってプロダクトを使う必要がなくなったり、組織を完全に離れてしまうこともあるだろう。最近では、従業員の平均在職期間はわずか18カ月だと言われている。そうなると新たなユーザーのために、オンボーディングが必要になる。つまり、オンボーディングは1回で終わるものではなく、何度も、そして場合によっては何年もかけて行うものなのだ。こうした必要性を見過ごしてしまうと、ユーザーを混乱させ、最終的には顧客を失うリスクがある。

では、完全なオンボーディング体験を提供するにはどうすればよいのだろうか？　それは、プロダクト主導の核心となる考え方から始めることだ。つまりユーザーの成功に結びつく行動にユーザーを導くということだ。このためには、最も成功しているユーザーを特定する能力と、その行動と成果をパターンとして一致させるデータの両方が必要になる。

言い換えれば、プロダクト主導型のオンボーディングプロセスは、プロダクト分析に基づいている。過去のユーザーから得た学びは、新しい顧客が価値を得るための最短ルートをたどるのに役立つだろう。このプロセスを継続的に分析して改善するのだ。そして、度重なるユーザー体験からなるプロダクトジャーニーにユーザーを早い段階で頻繁に誘導することに焦点を置くのだ。さらにデータを収集しながら、オンボーディングプロセスのカスタマイズを繰り返すことで、各ユーザーに最も適した道のりを提供することができる。

多くのプロダクトチームが、ユーザーのオンボーディングに対するアプローチを積極的に再評価している。オンボーディングをプロダクトの外の独立したプロセスとして扱うのではなく、オンボーディングのコンテンツや流れをプロダクト体験の中核をなすものにしようとしている。このアプローチでは、新規ユーザーがプロダクトにログインしたときや新機能がリリースされたときに、関連するトレーニングコンテンツがユーザーに直接届けられる。

アプリ内のトレーニングコンテンツには、お知らせ、埋め込み式のチュートリアルビデオ、ナレッジベースの記事やその他のヘルプコンテンツへのリンク、プロダクトの特定のタスクをユーザーに紹介する順を追ったウォークスルーなどがあるだろう。アプリ内でのユーザーへの教育は、それぞれのユーザーの状況に沿ったものにすることで、ユーザーが利用する可能性が高まるだろう。しかし、プロダクトチームは、届けるコンテンツが適切であり、ユーザー体験を不必要に混乱させることがないかを確認する必要がある。

オンボーディング体験のパーソナライズ

ほとんどの企業は、ユーザーに関する十分な背景情報を持っているので、それぞれのユーザーにできるだけ適したコンテンツになるように、オンボーディング体験をカスタマイズできる。役割、契約プラン、顧客規模などのユーザー情報の基本的な要素は、教育コンテンツが特定のユーザーに役立つかどうかを判断するのに使えるだろう。また、ユーザーの行動や習熟度によって、新機能がリリースされたときに、どの程度のトレーニングが必要かを判断することもできる。

プロダクトチームによるオンボーディングの開発において、これらのデータの活用を容易にする新しいツールもある。こういったツールは、CRMやマーケティングオートメーションなどの主要な顧客システムとの統合を通じて、ユーザーの背景情報を引き出してくれる。その上で、プロダクトの利用状況データを利用して、ユーザーの行動に基づいたコンテンツを選んでくれる。またマウスだけで利用できる制作機能により、プロダクトマネジャー、UXマネジャー、顧客教育担当者が、エンジニアに頼ることなく、パーソナライズしたトレーニングコンテンツを作成し、プロダクト体験に反映させることができるのだ。

こうした実践の例を見てみよう。CareCloud社[56]は、医療分野向けの電子

56 https://www.carecloud.com/

カルテや請求書作成ツールを提供するSaaS企業だ。ツールの利用者の多くは診察室の事務職員であり、ビジネスソフトウェアのヘビーユーザーではないことを理解した上で、彼らは新規のユーザーに喜んでもらうために、実にシンプルで思慮深いオンボーディング体験の設計に多くの投資を行ってきた。新規ユーザーに威圧感を与えるのではなく、歓迎されているような体験を提供したいと考えているのだ。

同社の教育コンテンツスペシャリストであるアダム・シーゲル[57]は、こうしたオンボーディングを、科学的であると同時にアートであると表現し、コンテンツは消費しやすい形式で、ユーザーにとって意味のあるものだけを提供すべきだと指摘する。つまり、退屈なマニュアルや長い手順書を捨てて、ユーザーが必要とするときに必要なだけ、一口サイズのガイダンスをプロダクトの内部で直接提供するのだ。

CareCloudのチームが指摘するように、ユーザーはあなたが伝えたいすべてのことを受け取る時間も関心もないという厳しい現実がある。アダムは図

｜図7.2｜満タンの体力ゲージ　出典：Pendo

｜図7.3｜少し減った体力ゲージ 出典：Pendo

｜図7.4｜残り少ない体力ゲージ 出典：Pendo

57　Adam Siegel, "Proactive Onboarding: Driving Success w/ KPIs and Accountability" Pendomonium 2019で行われたプレゼンテーション

7.2にあるように、ユーザーのモチベーションをビデオゲームの体力ゲージのように巧みに表現している。

ユーザーは、価値のない画面に行ったり、別のボタンをクリックしたりするたびに、モチベーションを失っていく。それは時間との戦いだ。

目標は、ユーザーの体力ゲージがなくなる前にユーザーにプロダクトの価値を感じてもらうことだ。

これは、ユーザーのオンボーディングをどのように設計するかを考える上で、とても良い考え方だ。ユーザーが必要とするものを必要なときに提供し、魅力的でモチベーションが高まるような人間味のある方法で行うという、意図的なアプローチが必要になる。だからこそ、オンボーディングはまさにアートなのだ。

以下は、CareCloudのチームによるオンボーディングの要点だ。

ユーザーが必要としている機能を提供して関心を持ってもらう：プロダクト分析、ユーザーからのフィードバック、そして一般的な知識を利用すれば、どの役割の人にとって、どの機能や、どの機能の組み合わせに最も価値があるかがわかるはずだ。ユーザーをセグメンテーションし、それぞれにとって関連性が高く役立つ機能でオンボーディングの流れを設定するのだ。

ユーザーの成果を認める：ユーザーにフィードバックを返そう。ユーザーが前に進んでいることを伝えたり、祝ったりしよう。信じられないかもしれないが、このような対話は、ユーザーをすぐそばで応援するような効果や、ユーザーを次のステップへと促す効果がある。

体験をゲーム化する：ニール・イヤールから学んだように、人間は報酬を求める機械だ。賭け金の低いゲームであっても、人は勝ちたいと思うようにできている。ユーザーがどのくらい成果に向けて前進して、どれだけの成果を積み上げたのかを示す方法を見つけよう。

こうしたことが、最初のユーザーの利用体験でどのような形で現れるかを見てみよう。

CareCloudは、図7.5に示すような、フレームワークを用いてユーザーのオ

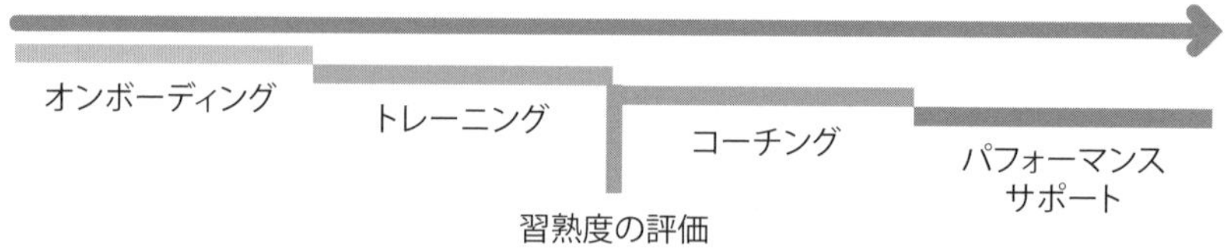

図7.5 オンボーディング・ジャーニー 出典：Pendo

ンボーディングを始めている。このフレームワークは、最初の利用から再訪問、そして時間をかけて継続的に利用するまでのユーザージャーニーを表現している。彼らはこのユーザージャーニーを、以下の４つの段階からなるライフサイクルに落とし込んでいる。

1 **オンボーディング**：
最初は、新規ユーザーの初回利用時に、プロダクトへの理解を深めてもらい、それぞれの役割や「ジョブ」に応じた価値の発見を確実にする段階だ。ユーザーが迷子になったり、離脱しそうになった場合に介入できるように、アナリティクスを使用して、オンボーディングのステップの完了を追跡する。

2 **トレーニング**：この段階で、CareCloudはオンボーディングしたユーザーを、プロダクトが毎日の習慣になる習熟度にまで引き上げる。ユーザーのオンボーディング体験において未完了のステップを特定し、それをなくす。よくある質問への回答を集め、索引を付け、整理するためのナレッジベースを作ったり、問題が発生した際にユーザー自身で対応できるようにしたりするなど、さまざまな方法でユーザーをサポートする。また、アプリ内ダイアログも使えるだろう。ダイアログは、ユーザーのペルソナやプロダクト内での行動の分析に基づいて、ユーザーのニーズを予測し、そのニーズを満たすように設計する。多くの場合、これらのアプリ内ガイドは、ナレッジベースに保存されているコンテンツを利用し、ちょうど良いタイミングでコンテンツを提供するのだ。

3 **コーチング**：ここは人間が関わる段階だ。後々発生するであろう潜在的な問題に前もって介入する手段として、ユーザーがオンボーディング体験で見つけた問題の克服を手助けするのだ。オンボーディング体験を計測する分

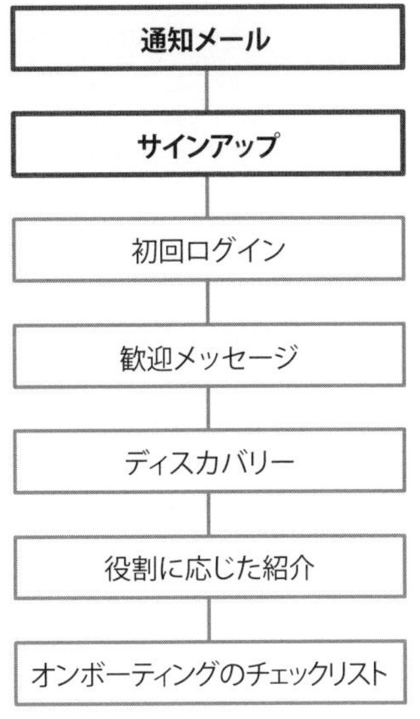

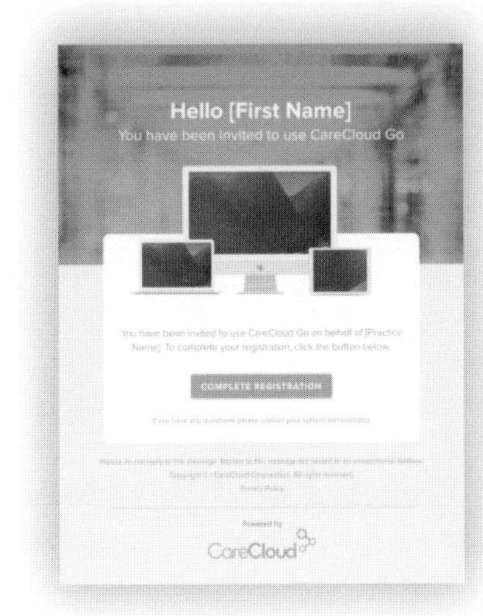

| 図7.6 | オンボーディングEメール　　出典：CareCloud、Pendo

析機能を利用することで、コーチは特に注意を払う必要のある改善すべき分野をカスタマイズしたり選んだりすることができる。

4　**パフォーマンスサポート**：この段階では、分析、アプリ内トレーニング、人を介したコーチングなどのすべての能力を、プロダクトジャーニーと顧客ライフサイクルの全範囲にわたって活用する。オンボーディングは、決して一度きりのものではなく、最初の利用体験から取引関係の満了まで、ユーザーをサポートする継続的なプロセスであることに留意する必要がある。プロダクトがユーザーにとって価値があることを確かなものにするためには、終わりのない警戒心と時間をかけてユーザーを導く入念さが必要なのだ。

CareCloudの最初の利用体験は、以下の重要な3つのステップで構成されている。

ステップ1：歓迎

ユーザーが最初にプロダクトに招待されるステップで、ユーザーをプロダクトに引き込むための行動を促すパーソナライズしたシンプルなEメールを

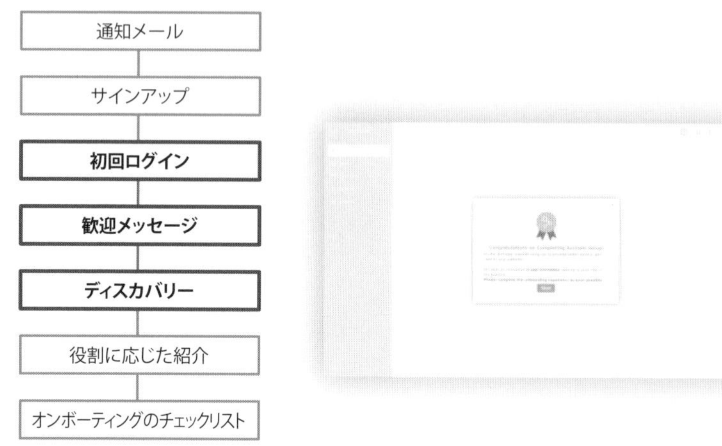

図7.7 ユーザーの歓迎　　出典：Pendo and CareCloud PendoとCareCloud

図7.8 カスタマートレーニング　　出典：PendoとCareCloud

使用する。(図7.6参照)。

ステップ2：基本を学ぶ

図7.7に示すように、ここではユーザーにアカウントを設定するように案内し、その努力を称える言葉を贈る（ばかばかしいようだが、このような小さな報酬の積み重ねが、人間の報酬を求める志向に影響を与える）。そして、

新しいユーザーをオンボーディングに招待し、プロダクトのガイドツアーを行う。CareCloudはユーザーのことをすでにある程度は知っているので、ここでのウォークスルーはユーザーペルソナに基づいたものになる。

ステップ3：土台を築く

図7.8に示すように、新規ユーザーはオリエンテーションを受けた後に、ユーザーのペルソナに最も関連性が高く、役立つ領域を掘り下げるために、独自の冒険を選択することを勧められる。このトレーニングは、基本的なスキルを得るために、ユーザーに完了してもらいたい項目を明確に定めた一連のオンボーディングステップで、ユーザーにプロダクト体験の土台となるものを築くように設計する。

ユーザーオンボーディングの構成要素

オンボーディング体験を設計する際には、複数の方式を考慮する必要がある。よく設計された体験は、１つの方式だけを使用することはなく、複数の接点やインタラクションにまたがり、複数の方式をよく考慮して組み合わせている。これは、アーティストがミクストメディア（さまざまな種類の素材や手法で制作したアート）を制作する際に使用する素材のようなものだと考えて欲しい。最終的なプロダクトは、さまざまなものを思慮深く組み合わせて作られるのだ。素材には以下のようなものが含まれるだろう。

ウォークスルー：ガイド付きのアプリ内ダイアログのことで、ユーザーが利用できる主な機能を「ウォーク」して、タスクやワークフローを完了するために必要な一連のステップを紹介するものだ。鍵となるのは、以下の３つの目標を念頭に置いて、これらのウォークスルーを設計することだ。

1　機能の価値をユーザーに売り込み、注意を払う価値があることを強くアピールする。
2　機能同士を繋げて見せて、ユーザーがタスクを完了するために機能をどのように利用するか想像できるようにする。

3　ユーザーが「触って学ぶ」ために、途中でアクションを起こしてもらう。

ウォークスルーは、プロダクトに馴染みのない新規ユーザーをオンボーディングしたり、既存ユーザーにまだ利用していない新機能や既存機能の利用に必要なステップを案内するなど、初めての利用体験をサポートする際に最も有効だ。

ウォークスルーは、ユーザーの行動をトリガーにしたり、特定のユーザーセグメントやアカウント、個別の訪問者に狙いを定めることもできる。ウォークスルーは、複雑な情報や複数のステップからなるプロセスをユーザーに伝えるのに便利だが、あまりにも多用してしまうと、すぐにユーザーを圧倒することになってしまうだろう。ウォークスルーが長すぎたり、ステップが複雑すぎることに気づけるように、ウォークスルーの完了率や離脱率を必ず計測してほしい。

ツールチップ：ユーザーが主要な機能の上にマウスを置いたときに表示されるアプリ内のチュートリアルだ。ユーザーが表示を選択したときにのみ表示されるので、ユーザーエンゲージメントの中で最も普及していて、最も邪魔にならない形式だ。ツールチップは、名前だけでは理解しにくい機能を説明する際に特に有効である。

最も一般的なツールチップは「ホバー」と呼ばれるもので、ユーザーがナビゲーションメニューやインタラクティブな要素、さらに、あらかじめ設定した「ホットスポット」にカーソルを移動したときに表示されるメッセージのことだ。ツールチップは主に、常に表示させるとUIが雑然とするような、補足的な機能説明のために使用するとよい。

ライトボックス：「ポップアップ」や「モーダル」とも呼ばれるライトボックスは、アプリ内メッセージのスタイルの1つで、コンテンツを強調するためにページの残りの部分をぼやかしたり、暗くしたりするものだ。ライトボックスは、ユーザーがログインしたときや、プロダクトを使用しているときに、特定の告知をしたり、ユーザーに何かしら行動を促すための割り込みメッセージだ。例えば、予定されているサービス停止のお知らせや、ウェビナーへの登録依頼、アカウントの支払遅延をユーザーに知らせる際などに使用する。ライトボックスの中には、メッセージを閉じるまでユーザーがページの他の部分を操作できないようにしているものもある。

ライトボックスは、よく考えて設計されていない場合や、正確にターゲットが絞れていない場合には、非常に邪魔なエンゲージメントの形式になる可能性がある。

ランディングパッド/プレースマット：これはライトボックスやフルスクリーン表示の一種で、エンドユーザーに探索できる箇所の選択肢を提示するものだ。ユーザーがアプリの中で次にどこに行けばいいのかという、ちょっとした冒険気分を提供することができる。

ブランクスレート：これはユーザーインターフェースが「空」の状態になってしまっているものだ。白紙のページでユーザーを不安にさせて迎えるのではなく、次に何をすべきか、あるいはプロダクトの中で何ができるのかをユーザーに教える機会にしよう。一部のプロダクトでは、トライアルや新規ユーザーの体験にサンプルデータやデモデータを読み込むことで、このような状態を回避している。こうした方法は役立つこともある一方で、個々のユーザー特有のユースケースを反映できない可能性もあるため、ユーザーが混乱してしまう場合もある。

ナレッジベース：ユーザーがプロダクトについて知りたいであろう情報をすべて集めた場所のことだ。よくある質問（や、そうでもない質問）に対する回答が含まれる。特に、ナレッジベースでは、これらの情報に索引を付けて整理することで、ユーザーが自分で情報を発見できるようにしたり、ツールチップ、ウォークスルー、ライトボックス内のコンテンツとして表示したりする。

Eメール：私たちはEメールに慣れすぎている節があるが、ユーザーが最初にプロダクトを利用する時（プロダクトのユーザーになる前）や利用頻度が下がってきた時に、Eメールはユーザーを惹きつける重要な手段である。Eメールでのエンゲージメントは必ずしも最高の方法とは言えないが、アプリ内でのエンゲージメントを補うための重要なコミュニケーション手段だ。

人（忘れないように！）：最終的には、プロダクト主導型の体験は、人間をすべて置き換えるものではなく、ユーザーのプロダクトジャーニーをより良くサポートするために、人が持つノウハウを拡大するものだ。そして、そうしたジャーニーの途中には、１対１の人との対話には代えられない重要な瞬間がある。例えば、問題を修正するニーズ、フラストレーションの解消、ニーズの理解、あるいは単にしっかりと耳を傾けられていて感謝されている、とユーザーに感じてもらう必要がある場合などだ。鍵となるのは、データを使ってエンゲージメントを長期的に計測することで、どこで、いつ、人間の介入を行うべきかを理解することだ。また、決してこうした人の介入を、ユーザーとのインタラクションにおける第一の方法として頼ってはいけない。言わずもがな、それでは規模を拡大することができないからだ。

タイミングとターゲティングについて

ターゲティングを正しく行うことが、良いエンゲージメントと悪いエンゲージメントの違いを生む。つまりユーザーに受け入れてもらえるか、もしくは迷惑や押しつけがましさを感じられたり、嫌がられるかはターゲティング次第であることを忘れてはならない。ホテルのコンシェルジュの例を思い出してほしい。一般的に役立つ対応をしてくれるコンシェルジュと、アーケードを歩いているときに注意を引こうとしてくるサーカスの呼び込みとを比べてみよう。どちらもビジネス目的であるものの、コンシェルジュは顧客のニーズを予測し、それを満たしてビジネスを成立させることに重きを置いている。たった数セント欲しいがために、例えば鈍器で殴ってポケットから小銭をこぼれさせるような手段は選ばない。ユーザーにとっては、タイミングとターゲットが注意深く考えられていないエンゲージメントは、コンシェルジュというよりも、サーカスの呼び込みのように感じられるだろう。

また、タイミングを見計らうことも重要だ。最近では、じっくりとマニュアルに目を通す時間のある人はほとんどいない。だからこそ、オンボーディングは、短時間に区切って、それを徐々に提供していくべきだ。

段階的開示

UXデザインの専門家として最も著名なコンサルタント兼著者のヤコブ・ニールセンによると、段階的開示とは「高度な機能や、あまり使わない機能を補助的な画面に移すことで、アプリケーションの習得を容易にしてミスを減らす」方法としている[58]。

ニールセン氏は、プロダクトの使い方を学んでいる最中のユーザーを混乱させたり、気を散らすような機能を隠すことを提案している（ある機能をユーザーに共有したいという抑えきれない興奮やプライドがあるかもしれないが）。

ここでChoozle[59]の例を考えてみよう。Choozleはデジタル広告プラットフォームで、ユーザーがキャンペーンをカスタマイズして作成するための多くのオプションを提供している。しかし機能が多すぎるのが問題で、ユーザーによってはその量に圧倒されてしまうこともある。時には、ある機能が実はずっとあったにもかかわらず、必要な機能が提供されていないと言う理由で解約されてしまうこともあった。こうした機能の認知度を高めるために、ChoozleはPendoのアプリ内メッセージングとガイダンス機能を中心としたコミュニケーション戦略を構築した。Choozleは毎月、１つの機能をテーマにしたキャンペーンを実施し、ユーザーがログインした後のページや、キャンペーンの設定ページなど、プラットフォーム内の複数のポイントで一連のガイドを配信した。例えばあるキャンペーンでは、クロスデバイスターゲティングをアピールした。クロスデバイスターゲティングとは、同じユーザーのすべてのデバイスに広告を配信することで、１つの広告キャンペーンのリ

58 Nielsen Norman Group, "Progressive Disclosure" : https://www.nngroup.com/articles/progressive-disclosure/

59 https://choozle.com/

ーチを拡大するものだ。クロスデバイスターゲティングは、キャンペーン設定画面の小さなON/OFFボタンで有効になるため、見落とされがちであった。こうした段階的開示戦略を採用したことで、１カ月間のキャンペーンの後、この機能の使用率が154％も増加し、アクティブ顧客の205％増加、収益の前年比40％増加につながった。

段階的開示における目標は、メインの機能をメインに据えると言うこと、つまり最も重要な機能に最初に焦点を当て、時間をかけて少しずつ追加機能を見せていくことだ。ここで注意したいのは、何がメインとなるのかは、ペルソナや個人の「ジョブ」やプロダクト内で観測されるユーザーの行動によって異なることだ。オンボーディングでは、誰にでも合うことを目指して結局誰にも合わない、という罠を回避することが重要なのだ。

オンボーディング体験を正しくする

第一印象には大きな価値がある。正しい印象を与えるためには、ユーザーへの共感、細部にこだわる思い、そして自制心が必要となる。そして、オンボーディングにおいてはタイミングがすべてであり、多くの場合では「少ない方が豊かである（Less is More）」という前提に基づく必要がある。

CareCloudのチームは、オンボーディングを設計するための素晴らしいアドバイスを提供している。

1　**プロダクトではなく、ユーザーに焦点を当てる：**プロダクトが提供する機能をすべて紹介したいと思うことはよくあるが、それは的外れだ。ユーザーはプロダクトに関心があるわけではない。ユーザーが関心を持っているのは、自分が達成すべき仕事なのだ。そこに焦点を当てよう。

2　**ユーザーを価値あるものへと早く導く：**メインの機能をメインに据えよう。ユーザーが何度もプロダクトに戻ってくるように、初期に感じる価値の兆候を最大限に引き出す機能やユースケースに誘導しよう。

3　**ペルソナによるセグメント化：**ユーザーのニーズや期待はペルソナによって異なることを認識しよう。複数のペルソナを念頭に置いてオンボーディング体験を設計し、セグメント化してターゲットごとの体験を提供するのだ。

4　進捗ゼロという状態を作らない：あなたは価値を実証するための、ちょっとした時間との戦いに身を置いているのだ。それを当然のことだと思ってはいけない。ユーザーのためであること、そして単に時間を無駄にしている訳ではないことをユーザーに示そう。また、こまめにフィードバックや承認をすることでユーザーの関心を引きつけ、継続的に利用してもらえるようにしよう。

実験を通じて進化する

効果的なオンボーディングとはどのようなものだろうか？　効果的なオンボーディングは、ビジネスとユーザーにとって一定の成果の達成につながるので、効果的なオンボーディングを見れば一目でそれだとわかるだろう。しかしどうすれば、オンボーディング体験がそのような成果をもたらすのか事前に分かるのだろうか？　その答えはシンプルだ。実験するのだ。

フランスの生理学者であるクロード・ベルナールは、実験駆動による学習の先駆者の一人として知られており、科学的手法の客観性を担保するための盲検法を広めた。ベルナール氏は、「観察は受動的な科学である。実験は能動的な科学である。観察は仮説を導くものであり、実験はそれを検証するものだ」と述べている。

デジタルマーケティング担当者が、Eメールのタイトルや広告のコピー、画像をいろいろとテストするように、オンボーディング体験でも同じようなことをしたいと思うだろう。これまでにしてきたアウトサイド・イン（外から中）による調査や考察は、仮説を立てるのに役立つ。しかし、どのようなメッセージ、流れ、チャネルが、プロダクトの使い方を学ぶための重要なステップとして、新規ユーザーに最適なのかは、実際に実験をしてみることで確かめられるのだ。

つまり、オンボーディングのコンテンツへの関わりが深いほど、プロダクトの価値をより早く実感する、より熟達したユーザーになるのだ。データを活用してアプリ内オンボーディングとユーザートレーニングの体験を高めることで、プロダクトチームは顧客継続率を高め、プロダクトを通じてユーザーを成功に導くためのカスタマーサクセスやユーザーへの介入を必要とするサポートへの依存度を下げられる。

オンボーディングに終わりはない

オンボーディングはいつ終わるのか？　これは見かけ以上に答えるのが難しい質問だ。なぜだろうか？　それは、新規ユーザーに必要なトレーニングは、その人のスキルセット、技術的な適性、不慣れなことや新しいことに対する許容度によって異なるからだ。ある人にとっての「簡単」は、別の人にとっては「複雑」なのだ。ある人はすぐに理解できても、別の人は時間がかかるだろう。RE/MAX社がその良い例だ。RE/MAXでは、不動産エージェントへさまざまなソフトウェアアプリケーションのトレーニングを行う際、自動化したオンボーディングプロセスの進捗状況を把握することで、対面トレーニングによって補う必要がある箇所を判断している。

だからといって、オンボーディングをいつまでに終わらせられるか、という先ほどの質問に答えられない（あるいは答えるべきではない）ということはない。完了率の計測は平均を計算することになる。もちろん、セグメンテーションをすることによって、ユーザーのセグメントやコホートごとに完了率を計測することができるので、より真実に近づくだろう。最も基本的なレベルでは先ほど説明した、ユーザーがプロダクトを習熟するまでのステップの完了度を計測したいと思うはずだ。こうした基本的なステップを全員が確実に完了すれば、ユーザーがプロダクト内部でのスキルの精度を高めることにつながるだろう。

次に、達成したいビジネス成果の先行指標となるプロダクト内のキーアクションの完了を計測しよう。このように最初のユーザーの体験を念頭に置いてオンボーディングを設計することで、最終的にはユーザーのエンゲージメントと価値の向上につながる、より高度な機能のトレーニングをユーザーに提供できるようになるのだ。

オンボーディングと機能の定着との境目はやや曖昧であると考えてよい。

多くの場合、基本的な項目が完了すればオンボーディングは終わったものとされる。しかし実際には、ソフトウェアアプリケーションに対する永続的なロイヤルティを獲得するためには、オンボーディングに終わりはないと言える。ユーザーのニーズや受け入れ体制に応じて新しい学習コンテンツが提供される、段階的開示の原則に基づいてオンボーディングは構築されるべきだ。また、オンボーディングはプロダクトが静的な人工物ではなく、生きた有機体であるという事実から成り立っている。新機能を追加したりUIを変更したりすることで、オンボーディングのサイクルは繰り返されるのだ。

鍵となるのはユーザーデータだ。ユーザーがどこに行ったことがあり、どこに行こうとしているのかが分からなければ、新規ユーザーに良いオンボーディング体験を提供することはできない。これは既存のユーザーをトレーニングするプロセスで特に当てはまる。銀行のカスタマーサポートに連絡した時のように、彼らが知っているはずなのに、すべての情報をこちらから伝えないといけないような非常にイライラする体験とは異なるものだ。同じ理屈で、ユーザーのトレーニングも、ユーザーがトレーニングを離脱したところから再開しなければならない。そのためには、ユーザーの行動を計測し、ユーザーがプロダクトのどの段階にいるかに合わせたオンボーディングを行う必要があるのだ。

まとめ

この章では、ユーザーにプロダクトをすぐに使ってもらうための方法と、ユーザーがプロダクトの使い始めでベストなスタートが切れるように、オンボーディング体験をパーソナライズする方法を説明した。次の章では、これらの学びをもとに、顧客がプロダクトをより深く使いこなすために妨げとなるものを特定して、取り除く方法を掘り下げる。これらの戦略により、顧客はプロダクトが真の価値をもたらしてくれると感じるだろう。

CHAPTER 8

価値を届ける

ここまで、プロダクトを成功させるための改善方法に焦点を当ててきた。しかし、プロダクトデザインの観点からは、顧客が成功をどのように定義しているかを理解することにも大きな価値がある。顧客がなぜプロダクトを買ってくれているのかを理解するには、プロダクトが顧客のペインをどのように解決しているかを追跡する必要がある。そのためには、顧客がプロダクトの利用を通じた成功をどのように計測しているかを理解し、その計測値を顧客に提供しなければならない。例えば、費用対効果（ROI, Return On Investment）のように、プロダクトが生み出している価値をどのように計測できるかを見せることができれば、その顧客は生涯にわたって顧客であり続けてくれるだろう。そして最終的には、顧客がその価値を効率的に実現する能力も計測し、改善することまで責任を持たねばならない。例えば、サイバーセキュリティサービスを提供するRapid7社の創業者兼CEOであるコリー・トーマスは、創業時から顧客中心の組織作りを優先してきた。サイバーセキュリティのように、顧客が極度のストレスやプレッシャーにさらされ助けを求めている市場では、こうしたことが非常に価値があることだと気がついたのだ。トーマス氏は、ボストン大学クエストロム・ビジネス・オブ・スクールの教授であるケン・フリーマンとのインタビューの中で、「顧客をうまく維持することができれば、その顧客はブランドのためによりお金を使い、より多くのものを築き、より多くのことをしてくれるようになり、やがてはブランドのアドボケイトになってくれる。それは経済的に理にかなっている」と述べている[60]。この章では、カスタマージャーニーを計測することの重要性と、価値を実現するためにカスタマージャーニーを最適化する方法を紹介する。

カスタマージャーニーの理解

前章では、顧客のニーズを理解するためのメカニズムとしてジャーニーマップについて説明したが、顧客はインタラクションのさまざまな段階で変化する。これはユーザーがプロダクトにログインする際に、ユーザーが考えている特定のタスクを理解するために有効だ。このようなジャーニーを理解するには顧客との相当な対話が必要だが、アプリケーション内でのユーザーの行動を観察するだけでも、多くのことを学ぶことができる。

ユーザー体験の世界では、細かくユーザーを観察することの重要性を説明する、「設計した道」と「望ましい道」の違いを示した有名なネタがある。理想的にはこの２つの道は交わるべきだが、もちろん現実には図8.1の写真のように、そうならないことが多い。

この写真の中の人が達成しようとしているタスクは、公園の片側から反対側まで歩くという極めて明白なものだ。ただし、どのようにそのタスクを完了させるのかまでは明白ではない。この失敗した道の設計を担当した公園の設計者にとっても、わかりにくいものだったはずだ。ここからの学びはなんだろうか？　仮説を立てて始めるとしても、それが自然界で十分に検証されるまでは、コンクリートを打たないことだ。

仮説を検証するには、まずデータが必要だ。具体的には、プロダクトの中でユーザーがどのような順序でステップを踏んだかを示すデータだ。図8.2

60 “Conversations with Ken: Corey Thomas,” YouTube, October 26, 2017; https://www.youtube.com/watch?v=V52wrz4OJwI

| 図8.1 | 「設計した道」と「望ましい道」の違い　出典：Pendo

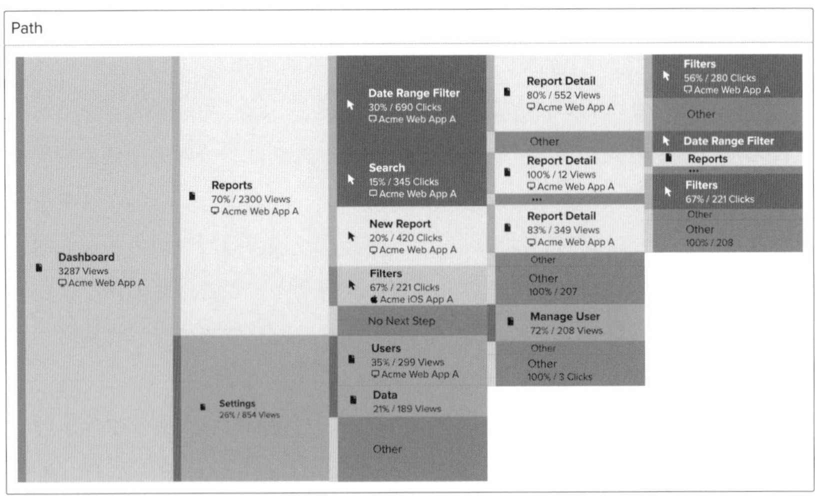

| 図8.2 | アプリケーション内のユーザー動線の探索　出典：Pendo

に示すように、ユーザーがたどった経路を調べることで、作るべきユーザーの体験や形成すべき行動について考えることができる。ユーザーが実行したいタスク、そして重要なのは、ユーザーがそうしたタスクをどのように実行したいかという観点から考えることだ。

図8.2は、アプリケーション内でユーザーが行う一連の行動を示している。ユーザーが主要な機能のどこに時間を費やしているかを確認できる。さらに今回の目的においてより重要な、ユーザーがそれらの機能をどの順番で利用しているのかも確認できる。こうしたデータをさらに深掘りすると、正しい体験をプロダクト内に設計するために利用できるであろうパターンが浮かび上がってくる。

まず、次のような自問をすることから始めてほしい。ユーザーはなぜこのプロダクトにアクセスするのか？（もし1つだけしなければならないことがあるとしたら）最初にまず何をするだろうか？　最も頻繁に行うことは何か？　これらの質問への答えは大きなインサイトをもたらす。私たちは皆、ユーザーの注目を集めるために戦っているのだとしたら、ユーザーをプロダクトに惹きつけることがある種の成功だ。ユーザーが何をしたとしても、それが根本的な理由なのであり、またそうしたものがユーザーにとって最も価値の高い機能である可能性が高い。第2章では、顧客に「失いたくないもの」を尋ねるSuperhumanの調査を紹介したが、このような行動をデータで観察することもできるだろう。

ユーザーはどのようにしてユーザーにとって最も価値の高い機能にたどり着いているのだろうか？　そのジャーニーはどのくらい効率的なのだろうか？　機能を完了するための障害や課題はあるだろうか？　これらへの答えはすべて、顧客体験の全体に影響を与える。一般的には、ユーザーがプロダクトの鍵となる部分へ到達するまでの間の摩擦を減らしたいと思うはずだ。

Pendoの顧客であるInvoca社[61]は、Call Intelligenceというプロダクトを提供している。これは、マーケティング担当者がリアルタイムのキャンペーンデータを利用し、顧客がなぜ電話をかけているのか、誰が電話をかけている

61　https://www.invoca.com/

のか、会話の中で何が話されているのかをより良く理解するためのプラットフォームだ。Invocaのチームが新しいユーザーインターフェースをリリースしたとき、ある奇妙なことに気づいた。一部のユーザーが新しいUIを回避する方法を見つけ、古いページに直接アクセスしていたのだ。

Pendoを使うことでどのユーザーが古い機能を使っているのか分かったため、それらのユーザーに連絡を取り、新しいUIを避けている理由を探った。それらのユーザーはあるダッシュボードにアクセスしようとしていたのだが、その機能は、新しいUIでは「レポート」オプションの下に埋もれており、アクセスするためには数回のクリックが必要だったのだ。この情報をもとに、Invocaはこのデータに簡単にアクセスできるようなアップデートをした。また、古いページへのアクセスの主な原因であるブラウザのブックマークを更新するよう、いくつかのガイドをアップロードしたところ、その数週間後には、古いページへのアクセスは完全になくなった。

動線からファネルへ

ユーザーが達成しようとしているタスクと、ユーザーが好む動線を理解できたら、これらの明確なステップを、図8.3のような段階的なファネルとして計測することができるだろう。デジタルマーケティング担当者がeコマースサイトの購入動線を計測して最適化するのと同じように、こうしたファネルはユーザーがプロダクト内のタスクを完了する際に、あるステップから別のステップにどのようにコンバージョンするのかを理解するのに役立つ。ステップ間のコンバージョンが不十分な場合は、その体験を微調整するのにも役立つだろう。

妨害物とフラストレーションの特定

タスクの完了を最適化するためには、継続的なユーザーの観察を行い、ユーザー体験を頻繁に微調整する必要がある。UXに関わるレイアウトや機能そのものの変更である。また同様に、アプリ内のツールチップやガイド、チ

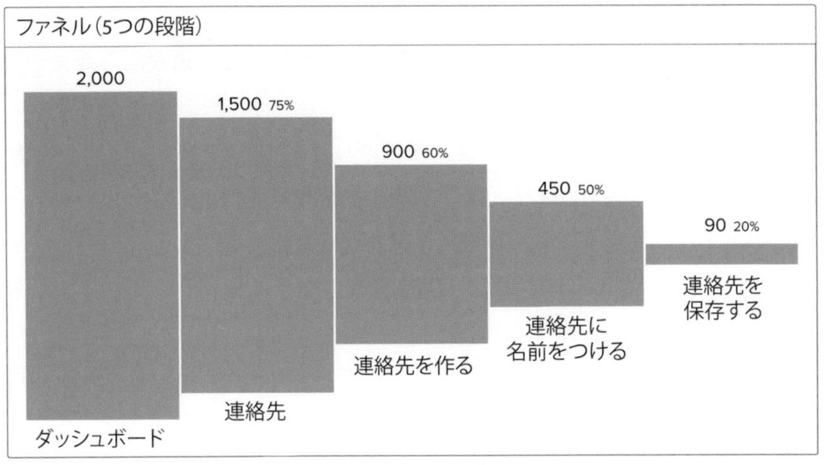

図8.3 アプリケーション内でのファネルの作成　出典：Pendo

ュートリアルを使ってユーザー体験に問題がある部分を洗練するのだ。このような最適化のためには、さまざまな視点でユーザーの観察が必要になる。より高い視点からは、ユーザーがアプリケーション間をどのように移動するかを理解するために、動線やファネルなどの手法を用いることができる。また、第2章と第4章で説明したNPSやCSATのような調査を用いて、全体的な顧客の感情を評価することもできる。細かい視点からは、フォームへの記入率や、リリースされたばかりの機能に対する具体的なフィードバックなどのデータを調べることもできる。

タスクの完了率が低下する可能性のある場所が特定できたら、そうしたことがなぜ起きているかを問おう。その答えは、ユーザーからの直接のフィードバックからも得られるが、ユーザーの行動を間近で見たいと思うこともあるだろう。それがセッションリプレイの役割だ。サッカーチームが試合前に一緒に見る練習の録画のようなものだ。何が良くて何が悪かったのかを正確に把握して、今後のパフォーマンスを調整する手段になる。プロダクトチームは、セッションを吟味することで、ユーザーがどのように感じているのかをより深く理解することができる。動線とファネルを理解するためのジャーニー分析との組み合わせは、こうした分析の出発点としては最適だ。セッションリプレイで特定のセッションを見ることで、どこを掘り下げれば良いかが浮き彫りになるからだ。このことは第３章でも紹介した通りだ。セッションリプレイのベンダーであるFullStory社[62]は、ユーザー体験の摩擦とそれに伴うユーザーのフラストレーションを観察可能にするために、「レイジ（怒りの）クリック」というアイデアを広めた。自動販売機の反応しないボタンを、デジタル、つまりマウスボタンに置き換えたような考え方だ。レイジクリックは、ユーザーがあなたのサイトのUXに心底イライラしていることを示すデジタルシグナルになる。

プロダクトチームがソフトウェアの開発に着手する際には完遂させるべき仕事だけに注力している。しかし、顧客が思い描く具体的なジョブ（や、そうしたジョブを実現するための「望ましい道」）は、あなたが最初に思い描いていたものとは必ずしも一致しないのだ。この２つの視点がずれてしまうと、プロダクトはどんどん役に立たなくなってしまう。プロダクトリーダーには、この２つの視点を整合させる責任がある。この整合がうまくいったプロダクトでは、ユーザーが長続きする習慣を身につける確率が高くなる。世界的なライフサイエンス企業であるLabCorp社[63]が、LabCorp Patientモバイルアプリの利用登録プロセスで、多くの患者が離脱していることを知ったときのことを検討してみよう。ユーザージャーニーを調査した結果、ユーザーが氏名の後に余分なスペースを入力すると、システムがエラーメッセージを返すことがわかった。この問題の影響範囲を理解したことで、エンジニアリング部門の担当者と一緒に修正の優先順位を上げることができた。その結果、ユーザーに気づかれることなく、ユーザー登録の体験は劇的に改善され、離脱者の割合も大幅に減少した。そして顧客の動線データを分析した結果、もう１つの意外な発見があった。それは、サードパーティ製の認証ツールの読み込みに時間がかかりすぎて、登録を諦めていたユーザーがいたことだ。LabCorpは、さまざまな種類のユーザーコホートがたどる動線をしっかりと理解していなければ、このような微妙な問題を発見することはできなかった

62 https://www.fullstory.com/

63 https://www.labcorp.com/

だろう。この2つの問題を特定して修正した数週間で、サポート依頼は激減した。登録時のトラブルに関連するチケットは、数カ月の間に数千枚から百枚程度に減少し、積み残しのチケットの99%が削減された。

もう1つの例は、ギグエコノミー[64]の主要な仕事の供給元であるTaskRabbit社のCEO、ステイシー・ブラウン＝フィルポット氏によるものだ。同社は設立当初、ウェブサイトに求人情報を掲載していた。しかし、多くのギグワーカーは1日中仕事を転々としているため、次の仕事を探すためにコンピューターやラップトップにアクセスすることは必ずしも現実的ではなかった。また、仕事を手伝ってもらいたい人も、助けが必要なときにコンピューターが手元にない可能性もあった。TaskRabbitは、モバイルプロダクトに重点的に投資することでこの制約を解消し、ビジネス規模を2倍に拡大することができた。ブラウン＝フィルポット氏は、2017年にスタンフォード大学ビジネススクールとのインタビューで、「今ではユーザーの半分がモバイルで、以前の2倍以上になった。私たちはこの経験から、顧客が本当に望んでいることを学び、顧客にとって本当に役立つテクノロジーに投資した。今では3回クリックするだけで仕事を投稿できる」と語った[65]。

摩擦の特定：離脱やボトルネックを特定する

ユーザーにとってより直感的な体験をデザインする上での第一の目標は、新規ユーザーが、何度もリピートしてくれる機能への道筋を見つけられるように、その道中の摩擦を取り除くことだ。摩擦とは、社会科学者が「認知的負荷」と呼ぶ余計なステップや、体験の中で気持ちが悪かったり直感的でない部分と考えることができる。認知的負荷とは、他のことから気をそらすような、脳内の活動のことだと考えて欲しい。わずかな摩擦でも認知的負荷を

64　訳注：オンラインのプラットフォーム上で単発の仕事を見つけ、お金を稼ぐ働き方のこと。また、こうした働き方で成り立つ市場のこと

65　"Stacy Brown-Philpot: Hire Leaders, Leave to Take Risks," Insights by Stanford Business, April 18, 2017; https://www.gsb.stanford.edu/insights/stacy-brown-philpot-hire-leaders-leave-take-risks

与え、ユーザーをプロダクトから遠ざけてしまう。

よくあるわかりやすい摩擦のポイントの1つは、登録フォームへの入力とプロダクトへのログインの間にある、Eメールの検証ステップだ。これは、セルフサービス型のトライアルやフリーミアムモデルでよく見られ、Webサイトの匿名の訪問者をプロダクトのユーザーにコンバージョンしようとする時に起きる。

このステップには、連絡先の情報の質と整合性を確保するという、間違いなく有用な目的がある。偽のEメールアドレスだと、プロダクトから離脱したユーザーを呼び戻すことが非常に難しくなる。しかし、このステップを追加するとコンバージョン率が50%も低下しうる。なぜだろう。それは、ある画面やアプリケーションから別の画面に移動するというコンテキストの切り替えが必要になり、ユーザーの認知的負荷が増えるからだ。この大事な瞬間に差し込まれる魅力的なコンテンツが目に入り、ユーザーがそちらに気を取られることはよくあることだ。

どのようなユーザー体験にも、摩擦は必ず存在する。大事なことは、それを完全になくすことではなく、どの摩擦ポイントがコンバージョンに至る動線での離脱や、時間の経過による離脱につながっているのかを理解し、それらを厄介なバグと同じように潰すことだ。そして、ユーザーが自分の道筋を見つけやすいように体験をデザインし、ユーザーの背景に沿ったガイダンスを重ねていく。

摩擦を取り除く

摩擦はさまざまな形で、顧客がプロダクトを使用する際の妨げとなる。BtoCアプリケーションでの摩擦は、例えば特定の機能を使用する際にバグが出るといったように、プロダクトに特有のものになりがちである。このような場合には、ヘルススコアのような先行指標を利用すればよい（詳細は第10章で説明する）。こうした指標から、顧客がプロダクトを効果的に活用できていない可能性がある箇所を把握することができる。

サブスクリプション・エコノミーの台頭は、顧客がベンダーを切り替えたり、契約を破棄したりすることが、これまで以上に容易になったことを意味する。そのため、顧客維持は成長に不可欠な要素となっている。そして、成長は、継続的に価値をもたらすプロダクトから始まる。このため、競争力を維持するには、効果的で変化に強いカスタマーサクセスチームの存在がますます重要になっている。しかし、特にBtoBソフトウェアの世界では、顧客との摩擦をなくすことには別の視点がある。つまり、顧客との関係を築くことだ。

カスタマーサクセスはプロダクト主導型組織の目であり、耳であり、心臓でもある。カスタマーサクセスチームは、最前線で顧客に耳を傾け、目を光らせ、顧客が価値を見出すことを支援する。プロダクト主導型の戦略は、顧客との継続的な対話に根ざしているため、カスタマーサクセスチームは直感や体験談に頼る必要はない。顧客の健全度や幸福度を事実となるデータで計測・監視することで、顧客のニーズを企業全体に伝えるのだ。

さらに、プロダクト主導型のカスタマーサクセスチームは、企業と顧客の間に緊密なパートナーシップを築く。顧客のジャーニーのすべての段階で顧客と向き合うのだ。それは顧客との最初のやりとりから始まり、顧客との関係の限り続く。そうすることで、カスタマーサクセスチームは顧客の最前線に位置するだけでなく、プロダクトのフィードバックサイクルの中心にも位置することになる。このチームは、定量的な利用状況データに加えて、顧客のフィードバックや体験談など、プロダクトの改善プロセスに重要な情報を提供する。これにより、カスタマーサクセス、プロダクト、その他すべてのチームの連携が強化され、企業全体が整合するのだ。

このことをさらに明確にするために、Pendoのカスタマーサクセス（CS）担当シニアディレクター、マーク・フリーマンに話を聞いた。マークは、LinkedInなどの企業で10年以上にわたってCSに携わってきた。その間、CSの役割が劇的に進化するのを見てきた。「以前は、カスタマーサクセスの指標として、契約更新率や拡大などの遅行指標だけを重視していました。しかし今では、当社と顧客の両方に適切な人材が関わっているかどうかを考えています」とマークは言う。これは、プロダクトに焦点を当てた企業の多くが見逃していることだとマークは考えている。

「顧客がどのような成果を求めているのかを理解せず、またそこにオーナーシップもなければ摩擦が生じます。顧客自身が、成果を出すことに責任を感じていない場合も同様です」と彼は言う。

こうした潜在的な摩擦を乗り越えるためには、顧客が求める成果に対する責任を果たすために、適切な人材を配置することが鍵となる。マークが以前勤めていたソフトウェア企業での目標は、顧客のネットワークやコミュニティに参加して、お互いにつながり学び合うことのできる優れたアドボケイトを生み出すことだった。Pendoでも同じようなアプローチをとっている。私たちの価値観の１つは、徹底的な顧客中心主義だ。

顧客が抱えている問題にリアクティブに対応することもあるが、マークと彼のチームは、プロアクティブなアプローチも取っている。Pendoは幸運にも高い顧客継続率を保てているが、これはプロダクト自体のおかげであると同時に、マークと彼のチームの素晴らしい仕事ぶりのおかげでもある。しかし、顧客を失うことがないというわけではない。顧客が契約を更新しない主な理由の１つは、プロダクトを利用することで計測可能なROIが得られているかを理解できていないことだ。それゆえに、マークのチームの役割は顧客と協力し、プロダクトを使うことで得られる価値を顧客自身が理解できるように手助けをすることだ。その価値が得られているかどうかを測る計画を立てることも含んでいる。

「顧客がプロダクトを使うことで、どのような成果を望むのかを理解することから始まります」とマークは言う。「例えば、顧客に契約を更新しない理由を聞いてみるのです。『何かお手伝いできることがありますか？』と手を差し出すのではなく、その考え方を反転させて顧客に提案するのです。『お話を伺ってみて、私たちはこうしたことを提供できるのではと思っています』や、『お客様の方でこうされてはいかがでしょうか？』というようにです。そうすることで顧客とのパートナーシップが深まり、顧客が経験しているかもしれない摩擦をより効果的に取り除くことができるようになります」。

マークの仕事は、摩擦を減らして顧客の成果を向上させるために、手作業で実践的なアプローチをとることだ。しかし、摩擦を減らすためには、自動化できる方法やプロダクト主導型の方法もたくさんある。第７章で紹介したオンボーディングのコンセプトの多くも、摩擦を減らすために作られている。

プロダクトが顧客を教育し、エンゲージメントを高めることを目的としたオンボーディングの手法は、カスタマージャーニーのあらゆる部分を最適化するためにも使用できる。

自社の従業員がユーザーの場合

本書ではここまで、外部の顧客向けのプロダクトの作り方を中心に紹介してきた。しかし、これらの学びはユーザーがあなたの企業で働く人、つまり従業員である場合にも当てはまる。自社でソフトウェアを開発したり、購入したソフトウェアを従業員がどのように使っているかに関心を向けている組織も増えている。なんと言っても、目標は従業員がツールを楽しんで使い、生産性を向上させることだ。

しかし、それと同じくらい重要なことは、従業員に高品質な体験を提供することが、従業員の仕事への意欲や満足度を左右するということだ。従業員が日常的に使っているプロダクトが摩擦を生み、仕事をしづらくするものであれば、彼らは他の場所で働くことを考えるかもしれない。

例えば、ある病院のシステム責任者と話をしたときのことだ。彼らは医師が使用するソフトウェアの中で、クリックした回数を追跡することを始めたと言っていた。そこから、クリック数の多い医師ほど仕事に満足していないことがわかった。幸せで満足度の高い医師は、患者をより良くケアする傾向がある。

また、ソーシャルメディアやゲーム、個人用の生産性向上ツールなど、個人の生活の中で出会うソフトウェアについて考えることも重要だ。これらのアプリケーションは、職場で強制的に使用させられるものよりも、一般的に簡単に利用ができて人を惹きつけるものだ。このような変化が、不満や生産性の低下、そして最終的には従業員の離職を助長する。

プロダクトを通して顧客に価値をもたらすことを考えるときに、自社の従業員も同じように捉える機会を見落とさないようにしてほしい。

まとめ

顧客がプロダクトに何を求めているのかを理解し、プロダクトを使うことで大きな価値を得ていると感じてもらうことは、極めて重要だ。この章では、カスタマージャーニーについて説明し、顧客が自社プロダクトをどのように使用しているかを計測して把握することで、顧客にさらなる価値をもたらせることを説明した。そのためには、顧客がどこで「摩擦」や不満を感じているかを把握し、プロダクトを通じて自動的に、または顧客体験チームの協力を得て、その摩擦を取り除くことが鍵となる。しかし、プロダクト主導型の世界でカスタマー体験を向上させるためのもう１つの要素は、プロダクトを利用しながら、顧客自身が疑問に答え、顧客自身が課題を解決できる機会を与えることだ。これを次の章で取り扱う。

CHAPTER 9

顧客のセルフサービス

今の時代のソフトウェアを牽引する鍵となるトレンドは、特にプロダクト主導型の世界において、顧客がセルフサービス型のデジタル駆動の体験を求めていることだ。つまり、顧客へのサービスの一部は依然として人手を介して行われているが、プロダクト主導型になるということは、サポートや教育、サービスを受ける場所と方法が、アプリケーションの中で自動化されることを意味する。おそらくさらに重要なのは、これらの機能を顧客自身で利用できるようにすることだ。それが、顧客のプロダクト体験をより良いものにする方法なのだ。

サポートの負荷とサポートチケットの偏り

誰もが経験したことのある光景だ。コンピューターの前に座って、あるソフトウェアにログインし、ある作業をしようとする。やり方は知らないものの、「使いにくいだろうか？　とは言え、ソフトウェアは直感的に操作できるものだろう？」と考える。

何分か試してみても、その機能についてすぐにはわからない。目を凝らして、さらに集中する。しかし、いくらこのソフトウェアを理解しようと努力しても、まだ目的の機能には辿り着けない。結局その機能は、あなたの目の前にあるわけではなかったのだ。

この時点で、あなたは少し苛立っている。信頼のおけるクエスチョンマークのアイコンやヘルプメニューを探す。自分のニーズは特殊なケースかつ、高度な機能なので、あまり一般的ではなく見つけにくいものだと寛大に考える。しかし、ヘルプページはあまり役に立たないことがわかる。あなたの欲しい解決策は書かれていない。

この時点で、あなたはおそらく腹を立てているだろう。汚い言葉をつぶやいているかもしれない。ほとんどの場合、ここであきらめてしまうだろう。自分の仕事はそれほど重要ではないのだ、と自分に言い聞かせる。しかし、それが決定的に重要なことだったらどうだろうか？　教育課程への登録や健康保険への扶養家族の追加だったらどうだろうか？

そこで、しぶしぶテクニカルサポートに連絡を取ろうとする。フォームを入力すると、いくつかのドロップダウンメニューが表示される（もちろん、そのどれもあなたの問題には一致していない）。そして、機械的な自動応答機能が待ち時間を教えてくれるのを待つ。願わくば、時間がある時に連絡がきますように。

運が良ければ、企業からの回答付きの返信があるかもしれない。もしかしたら、その答えは有益なものかもしれない。回答によって、あなたはさまざまな感情を抱くだろう。確認を求められて「ああ、ちょっと厄介だな」、面倒さにイライラして「基本的な問題を解決するのに、なんでこんなに面倒で複雑なんだ？」、恥ずかしく感じて「こんなことを見逃すなんて、なんて馬鹿なんだ……」。いずれにせよ、使っているプロダクトを好意的には感じないだろう。

なぜ、プロダクトの書籍にサポートの章があるのだろうか？　これは何か手の込んだフェイントではない。サポートが存在する理由は１つだ。プロダクトに問題があるからなのだ。プロダクトが完璧であれば、サポートは必要ないだろう。サポートの存在を正当化するために、デスクトップパソコンのDVDトレイをカップホルダーとして誤用した例を出して、馬鹿な使い方を避けるようにプロダクトを作ることは難しい、ということを引き合いに出す皮肉屋がいるかもしれない。しかし、ユーザーはとても賢くなっている。ソフトウェアはすでに、私たちが当たり前に使う日常サービスの多くに対応している。銀行や保険企業、医療機関とのやり取りをソフトウェアで行うようになるのも、そう遠くないだろうし、すでにそうなっているものもあるだろう。

サポート依頼のチケットは、プロダクトの使いやすさを測る優れた指標だ。ユーザーの混乱やフラストレーションを反映している。チケットには、ユーザーとの一つひとつの関係性から引き出されたインサイトが含まれている。追跡可能なサポートメトリクスにはいくつか異なるタイプがあり、それぞれがプロダクトチームに異なる価値をもたらす。

チケットメトリクス

各チケットは、プロダクト体験をどう改善すれば良いかを検討する上で有用だ。チケットの傾向を見ると、プロダクトがより多くのサポートを必要としているか、そうではないかについての俯瞰的な見解が得られる。チケットの傾向を見る際には、実際のユーザー数の成長に基づいてデータを正規化することが重要だ。ユーザー数が増えればチケットの量も増えるため、ユーザーあたりのチケットの量を把握することで、より多くのインサイトを得ることができる。

チケットを分類することは、プロダクトのどの部分が問い合わせにつながっているかを理解するのに役立つ。簡単な円グラフを作れば、プロダクトのどの領域が最も多くの問い合わせを引き起こしているかがわかる。各領域の傾向を把握することで、それがプロダクトの当該領域を改善しているのか、それとも悪化させているのかを知ることができるだろう。

チケットの経過時間は、課題の影響を理解するのに役立つ指標だ。何週間も経過しているチケットは、顧客との関係の重荷となり、組織にとっても高いコストとなる。このような課題では、バグの調査ツールの出番が来るかもしれない。一般的に、長期にわたっている課題はより大きな組織的な関与を必要とする。つまり、それらの課題を調べるために、エンジニアリングチームを新機能の開発から外して対応にあたってもらうことが必要になる可能性が高いだろう。とてもコストが高い問題だ。

ヘルプメトリクス

プロダクト内のヘルプがない（または不足している）ためにユーザーがイライラしたという架空の話を先ほどしたが、もちろん、それはヘルプがあることを前提としている。しかし、今では必ずしもヘルプがあるわけではない。例えば、iPhoneの電源を切る時、私はいつもその方法をググっている。スマートフォンにドキュメントは付属していない。かつては、オフィスの棚にはマニュアルが並んでいるのが当たり前だった。今はそんなことはない。しかし、私はほとんどのプロダクトにドキュメントを添付することを推奨している。ソフトウェアプロダクトが高価であればあるほど、ドキュメントが必要になっている。しかし、ヘルプをサポートとみなすことが重要だ。それはセルフサービスなのだ。ユーザーがサポートを求めてくるということは、プロダクトが失敗したというサインなので、「ヘルプ」ボタンがクリックされるたびに学ぶべきことがあるだろう。

iPhoneとは異なり、多くのウェブプロダクトには「ヘルプ」というセクションがある。このセクションは従来から、プロダクトの使い方を説明するドキュメントが格納されている場所であり、一般的なセットアップ方法を示すスクリーンショットが掲載されている。こうしたヘルプシステムは必ずしもアプリケーションに統合されているわけではなく、独立したページに設置されていることの方が多いだろう。一般的に、これらのシステムには価値のあるコンテンツが含まれてはいるものの、ユーザーは自分で答えを探し出す必要がある。ユーザーの注意力が低下していて、一刻を争う仕事をしている場合、自分で答えを探すのは困難になる。

プロダクト主導型企業は、そういった従来のモデルを変えようとしている。プロダクトのインターフェースに直接、小さなヘルプウィンドウを埋め込むことが多い。これらのウィンドウは、ユーザーが誰であるか、またプロダクトのどこにいるかに基づき、状況に合わせた表示ができる。例えば、そのページでのみ利用される機能のコンテンツを表示することで、ユーザーに迅速な解決策を提供できる。これは多様なユーザーにさまざまな機能を提供しているプロダクトの場合、特に重要だ。ユーザーはその時々でドキュメントの一部だけを知りたいのだから、ドキュメントの全部を全員に開示しておく必要はないだろう。

このようなシステムでは、プロダクトの機能を説明する大量のテキストを小分けにして提供するだけではなく、ユーザーにプロダクトの中をインタラクティブに歩き回ってもらい、ユーザー自身に機能を使ってもらうことができる。このようなインタラクティブなスタイルのサポートがあれば、ユーザーは何をすべきかを確実に学ぶことができる。また、こうしたことは計測が可能だ。ユーザーが初めて何かをしたときに、全体の4分の3しか進められていないことに気づいたら、タスクを完全に完了できるようにガイドを微調整することができるだろう。従来型のドキュメントでは、ユーザーがどのように解釈したかという点がブラックボックスだ。

もし、ユーザーがプロダクトの中で何かを成し遂げようとしているにもかかわらず、失敗していることがわかったらどうするだろうか。プロダクトの利用データを見れば、ユーザーが何度もボタンをクリックしたり、思いもよらない順序で機能を実行したりしていることがわかる。もし、プロダクトの中に「あなたがやろうとしていることについて、お手伝いしましょうか？」という親切なメッセージが表示されていたら、その顧客はどう感じるか想像してみてほしい。その場合は、プロダクト内のウォークスルーを利用して、顧客に正しい手順を踏んでもらうのだ。サポートの電話でユーザーをイライラさせる必要はない。

もしすでにヘルプのドキュメントがあるなら、その利用状況の分析を行えば、いくつかの興味深い計測値が見えてくるだろう。人々はどのくらいの頻度でヘルプを読んでいるだろうか？　ある特定の役割のユーザーは、他の役割のユーザーよりもヘルプを利用しているだろうか？　新規ユーザーは、再訪問したユーザーよりもヘルプを使う傾向があるだろうか？　新機能の利用にはドキュメントが必要だろうか？　ユーザーインターフェースのリニューアル後、ユーザーがヘルプを見る頻度は増えただろうか？　減っただろうか？　どのページでヘルプボタンをクリックしただろうか？

ドキュメントに検索ボックスを設置し、よく検索される用語を計測するのも良いアイデアだろう。私は以前、プロダクトの中で使用している用語を、ユーザーが別の似た言葉で検索していると気づいたことがあった。私たちは、この用語に柔軟なラベルを付けるようにプロダクトを調整し、使いやすさと見つけやすさを向上させた。

「機能病」を管理する

優れたプロダクトは、ユーザーを素晴らしい気分にさせる。キャシー・シエラは、このテーマに関する私のお気に入りの著者の一人だ。図9.1に示す彼女の「機能病（フィーチャリティス）曲線」は、混乱なくユーザーが熟練したユーザーになるポイントと、「最悪」と感じてしまうポイントには微妙なバランスがあることを示している。ユーザーが特別な助けを必要としている場合、彼らは気分が良くない状態なので、彼らに自身の賢さと能力を感じてもらうチャンスがあると言える。こういった計測は良いスタートとなる。また、プロダクトチームがサポートに時間を割くこともお勧めする。サポートチームは、自分たちの役割に共感を寄せられればそれだけプロダクトを好きになるはずだ。

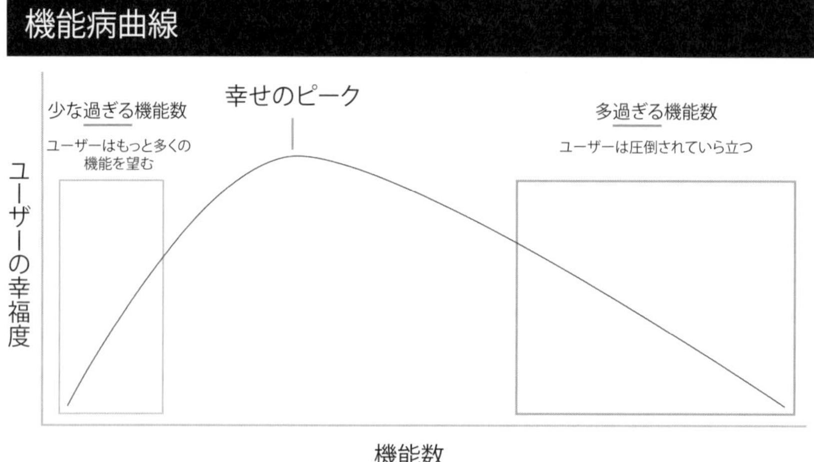

図9.1　機能病曲線　出典：Pendo

サポートに連絡することを好む人はいない。では、どうすればその必要性を減らすことができるだろうか？　理想的には、すべてがうまく動き、ユーザーが望むすべてをユーザーが実現できることだろうが、現実的には、多くのプロダクトが、複雑なプロセスをそのまま自動化、デジタル化してしまっている。

言葉の重要性

「言葉が重要」、これは私がよく繰り返す言葉だが、それは私が今、本を書いているからというわけではない。人生やビジネスのほぼすべての局面で、一つひとつの言葉が重要であり、だからこそ言葉の選択に無頓着にならないようにしている。プロダクトデザインでは、本当に言葉が重要だ。常にわかりやすさと簡潔さのトレードオフが必要になる。あなたが持っているのは「アカウント」なのか、「サブスクリプション」なのか。「ユーザープロフィール」なのか、「ユーザー設定」なのか。現実的にはどのような選択をしても、相手によって違うように響く。ユーザーは過去の経験に基づいて特定の用語を理解するようにプログラムされており、そうした過去の経験は人それぞれなのだ。

この問題に対する設計上の解決策は大きく分けて２つある。１つ目は、プロダクトの中で柔軟な語彙を提供することだ。つまり顧客一人ひとりが、プロダクトの中で自分の心に最も響く言葉を自分で選ぶことができるというものだ。これは究極の柔軟性であり、営業ポイントにもなりえるだろう。この戦略における難題は、ユーザーがサポートに連絡してきた際に、サポートチームが問題を判断するのが難しいことだ。また、ヘルプドキュメント（特にスクリーンショット）の作成がほぼ不可能になる。

もう１つの設計上のソリューションは、プロダクト全体にツールチップを追加することだ。ラベルの横に小さなクエスチョンマークをつけることで、ユーザーに簡単な疑問が浮かんだ時に、自分で答えを出すことができるようになる。例は、Restaurant365[66]だ。Restaurant365は、レストラン経営者がPOS、給与計算、スケジュール管理、ベンダー管理などのシステムを１つのアプリケーションに統合するためのプラットフォームを提供している。同社では、プロダクトに関する重要なリリースノートをアプリ内ガイドで配信しており、ユーザーはわざわざヘルプページを閲覧する必要がない。また、会計フォームの必須フィールドの案内、定期メンテナンスの通知、アーキテクチャの変更による影響の通知なども、ツールチップで提供している。

継続的な顧客教育

新プロダクトや新機能をリリースする際に、ユーザーに教えなければならないことがある。ユーザーは自らが抱える根本的な問題と、プロダクトや機能がそれをどう解決できるのかについて、教育を受ける必要がある。ユーザーは、なぜそれが従来の方法よりも優れていて、どのような価値をもたらして、そして実際にどのように動作するのかを知る必要がある。

継続的な顧客教育の戦略を定める際には、以下の点を考慮して欲しい。

ユーザーの学習速度はそれぞれである：あることをすぐに覚える顧客もいれば、手取り足取り教える必要がある顧客もいる。楽しく学べるようにしよう。また、時間をかけてプロダクトのさまざまな側面を見せることも必要だ。

ユーザーの居場所に行く：このためには、あらゆるチャネルを使って顧客を教育する必要がある。マーケティング部門やカスタマーサクセス部門と協力し、Eメール、クライアントプラットフォーム、プレスリリース、記事、ブログ、ウェビナーなどでメッセージを発信しよう。できるだけ多くの顧客に新しいプロダクトを知ってもらうために、さまざまな媒体で新プロダクトを宣伝しよう。

機能を見せる：プロダクトが実際に動いているところをユーザーに見てもらおう。これには、ライブデモ、ビデオ、またはユーザー自身で試すことができるアプリ内ガイドも利用できる。

一歩ずつ進ませる：アプリ内ガイドでは、新機能を強調したり、好ましい行

66 https://www.restaurant365.com/

動を促したり、状況に応じたサポートを提供することができる。文脈に合ったパーソナライズされたガイダンスは、必要なときに必要な場所でサポートを提供し、あらゆるユーザー体験を簡略化し、ユーザビリティ全体を向上させる。

顧客の教育に終わりはない。ユーザーが使いこなせるようになるまでの期間は、まったく一定ではないからだ。最初の1回で使いこなせるようになるプロダクトもあれば、何カ月も使っているうちに使いこなせるようになるプロダクトもある。プロダクトチームやカスタマーサクセスチームは、この点を認識しておくことが重要だ。プロダクトを利用する際の問題の多くは、コンテンツや体験が、特定の時間軸に合わせて設計されてしまっており、ユーザーの実際の習得の仕方に合致しない時に起こるものだ。

顧客教育の計測

プロダクトマネジャーがよく陥る罠は、教育はプロダクトの課題ではなく、カスタマーサクセスや顧客教育を受け持つチームの課題だと考えてしまうことだ。それらのチームが顧客教育に主たる責任を持っているのかもしれないが、しかし、プロダクトチームは、新機能やアップデートが提供されたときにも、顧客がプロダクトの習熟度を維持できるようにする必要がある。しかし、適切な計測をしていなければ、そうしたことを常に念頭に置いておくことは困難だ。

プロダクトチームが継続的な顧客教育の効果を評価するには、3つの主要な方法がある。

トレーニングコンテンツへの関与：プロダクトチームは、新機能のためのトレーニングコンテンツに対する、顧客のエンゲージメントを計測すべきだ。この計測値は、必ずしもコンテンツの効果を示すものではないが、ユーザーが好奇心を持ち、アップデートについて学びたいと思っているかどうかを示す。

サポートチケット数：新機能やアップデートに関連するサポートチケットの数は、継続的な教育の効果を測るのに優れた指標となる。ユーザーは、新機能の使い方や新しいインターフェースの操作方法を理解できないと、多くの場合、サポートに問い合わせる。重要なアップデートが行われたにもかかわらずサポートの数が増えていない場合、教育コンテンツが適切であったと考えられる。

長期的な顧客維持：顧客の価値が実現するまでの時間（Time-to-Value）は、最初のコンバージョンと売上の重要な指標だが、SaaSプロダクトの場合においては、ユーザーが継続的にプロダクトを使いこなしているかも同様に重要だ。顧客がインターフェースの変更に不満を感じていたり、プロダクトのタスクを効率的にこなせなくなっていたりすると、契約更新する見込みは低くなる。顧客教育はこうした指標に影響を与えるため、顧客維持は教育効果の結果に近い重要な指標であると考えるべきだ。

顧客教育の量の適切さには、絶妙なバランスが必要であることを忘れてはならない。コンテンツが多すぎるということは、プロダクトが直感的に利用できず、ユーザーが圧倒されているということかもしれない。どの程度のサポートが必要かを判断し、それに応じたコミュニケーションをとるようにしてほしい。万能のソリューションはない。しかし、データドリブンなプロダクトマネジャーは、データのインサイトを利用して、優れた継続的な顧客教育を行うことができるだろう。

CASE STUDY

Jungle Scout[67]でのユーザーのエンパワーメント

225,000人以上の起業家が、世界的なAmazonセラーソフトウェアであるJungle Scoutを利用し、Amazonで商品を販売するビジネスを立ち上げている。創業者のグレッグ・マーサーが、アマゾンで販売する商品が、本当に成功するのかを追跡するためにWebブラウザ の拡張機能を作ったのが始まり

67 https://www.junglescout.com/

だった。彼は、直感ではなくデータに基づいて意思決定をしたかったのだ。

それから４年、今Jungle ScoutのチームはAmazonセラー向けに、商品のリサーチ、新商品の発売、サプライヤーの検索と管理、そしてビジネスの成長を実現するための強力なプラットフォームを運営している。この４年の間でのJungle Scoutの成長とプロダクトの拡大は、さまざまなニーズを持つ多様な顧客がいたことを意味する。それぞれの販売者における独自のジャーニーの異なるポイントで、Jungle Scoutが利用されてきた。初めてログインしたユーザーが、何から始めればいいのかわからないこともあった。

「顧客の数が増えれば増えるほど、サポートチケットの数も増えるため、ある程度のセルフサービスを提供することが重要だ」と、Jungle Scoutの顧客体験ディレクターであるダニー・ビラレアルは言う。そこでビラレアル氏は、Pendoを組織に導入し、新規ユーザーのためのオンボーディングトレーニングプログラムを立ち上げた。この決断により、ユーザーは「成功に必要な速さを得ることができた」と語っている。

現在、ユーザーが初めてアプリにログインすると、ツールの使い方を説明する一連のアプリ内でのウォークスルーが表示される。最初のウォークスルーでは、ビラレアル氏が「最初のアハ・モーメント」と呼ぶ、Amazonでの販売に興味があるであろう商品のトラッキングを開始する方法が紹介される。

Jungle Scoutは、継続的に便利な機能を紹介することで継続的にユーザー教育を行っている。そこには重要なヘルプ記事へのリンクも含まれる。顧客がアプリを使いながら必要なヘルプを見つけられるようにすることで、Jungle Scoutはサポートチケットの16～21％を減らしている。このような取り組みと、多言語でのガイド作成機能により、Jungle Scoutは中国でのビジネス拡大に成功し、現在までの解約率と返金率はどの地域の市場よりも低くなっている。

成功を積み重ねる

これらの最初の成功の後、Jungle Scoutのプロダクトチームは、Pendoが提供する分析プロダクトを利用し、最も成功したユーザー（６カ月以上顧客であり続けたユーザー）の行動を調査した。そして、６つの重要な利用指標をもとに、新規ユーザーやあまり成功していないユーザーが、成功したユーザーの行動を再現できるようなガイドやツールチップを作成した。ビラレアル氏によると、これらの活動により、解約が大幅に減少したという。また、これらのガイドを利用したユーザーが継続的に利用する確率は3倍になるという。「顧客を維持するだけでなく、最大の摩擦ポイントで、Jungle Scoutを最大限に活用してもらうためにも、適切なポイントでユーザーに学習や支援を提供できることが重要だ」と語る。

ユーザーはパーソナライズされたオンボーディング体験を受けているため、より早く価値を見出し、プロダクト全体を活用できている。こうしたアプローチの変更により、解約率と返金率は減少し続けているという。また、オンボーディングとユーザー教育の取り組みを導入して以来、サポートチケットが大幅に減少した。半年足らずでチケット数は半分以下になった。起業家や中小企業のオーナーは、その時間を、アマゾンでのビジネスを成功させるための意味ある時間に変えることができたのだ。

まとめ

一言で言うと、あらゆる顧客は助けを求めることが嫌いだ。こうしたことは煩わしく、イライラし、必ずしも満足できるものでもない。また、恥ずかしい思いもするだろう。これでは、顧客のプロダクトに対する満足度は上がらない。だからこそ、プロダクト主導型の世界では、外部のサポートチームに頼るのではなく、プロダクトの中で顧客がセルフサービスで解決できる方法を見つけることが極めて重要なのだ。ヘルプメトリクスを使用し、重要な問題が広がる前に特定することが不可欠だ。また、顧客がプロダクトの使い方を自分で学び、その体験からできるだけ多くの価値を引き出す方法を提供することも不可欠だ。これらの学びを踏まえ、さらに発展させることで、新規顧客を獲得するだけでなく、既存顧客を生涯にわたって維持するための道筋を作ることができる。それが次章のテーマだ。

CHAPTER 10 契約更新と拡大で生涯顧客を作る

第８章では、価値を届けるという考え方を紹介し、第９章では、より良いセルフサービスな体験を提供することに焦点を当てた。これらの取り組みの結果として、契約更新が増加し、顧客数が拡大する。理想は顧客を100％を維持し、プロダクトを100％使ってもらうことだろう。

継続収入型のビジネスでは、新規顧客の獲得よりも既存顧客を維持し、その顧客との関係を長期的に発展させることの方が重要だろう。顧客獲得コストが非常に高く、一定期間顧客になってもらわないと利益が出ない場合もある。

SaaSビジネスにおける解約の影響を計測したデビッド・スコックのブログ記事は、この点を如実に示している。「Unlocking the Path to Negative Churn（マイナス解約率へ続く道）[68]」と題されたこの記事では、新規顧客契約に対する解約率を月に2.5％と５％に分け、財務上の影響の違いを検証した

68 David Skok, "Unlocking the Path to Negative Churn," ForEntrepreneurs.com; https://www.forentrepreneurs.com/why-churn-is-critical-in-saas/

例が紹介されている。ビジネスを始めたばかりの頃は、この２つの解約率に大きな違いはないと感じるかもしれないが、数年後には大きく複合的な影響を与えるようになる。

スコック氏は、顧客内での拡大、アップセル、クロスセルによって得られる収益が、解約による損失を上回る「マイナス解約率」をビジネスの中で生み出すことが目標だと言っている。解約率が−2.5%になっている企業は、解約率が2.5%の同規模の企業と比べて、数年後には毎月の経常収益が２倍になる。

では、どうすればマイナス解約率を実現できるだろうか？　プロダクトのユーザーから追加の収益を得る方法を見つけるのだ。

先行指標の理解

優れたプロダクトリーダーは、何がビジネスの成果を促進しているかをよく理解している。具体的には、どのような利用パターンがアカウントの成長や契約更新に相関しているのかを把握しているのだ。ビジネスの先行指標を特定することで、ユーザーに機能の利用を促したり、ユーザーが同僚に機能の利用を勧めるために必要なインサイトを得ることができる。

長期的な顧客維持状況の計測

同様に重要なのは、長期的な顧客維持状況の計測だ。これは、オンボーディングの取り組みが、ユーザーの行動を一時的に変えただけなのか、それとも習慣として定着させたのかを知る方法になる。あなたが普段使っているアプリケーションを考えてみてほしい。毎朝コーヒーを飲みながらであったり、毎週日曜日の夜に仕事の準備をする時であったり、習慣や儀式のようになっているものがいくつかないだろうか。私の場合、定期的に利用していて手放せないアプリケーションは15Five[69]だ。Pendoでは、チームが共通認識をも

69 https:// www.15five.com/

つためにこのパフォーマンス管理プラットフォームを使用している。15Fiveは、従業員の幸福度、優先事項、達成度、進歩の妨げになっているものを計測する。私たちはこのツールを使って、企業全体の整合を作り出し、維持している。

Pendoでの15Fiveの利用傾向を長期的に見てみると、週ごとに安定した傾向が見られる。これは健全度が高く、私たちがプロダクトに満足している顧客であるサインだ。しかし、まったく傾向が異なるアプリケーションが他にあるかもしれない。つまり、最初は利用量が急増するが、時間の経過とともに大幅に減少するような場合だ。これは、ユーザーの利用習慣が根付かなかったという、まったく逆のサインとなる。ユーザーコホートごとの継続状況を理解すれば、「プロダクトが利用できなくなったら、顧客はどれだけ気にするだろう？」という、重要な質問に常に答えられるようになるだろう。継続状況の低下は、一般的に顧客がこの質問に良い答えを返してくれなくなるサインだ。

しかし、ユーザーが継続して使い続けているかどうかを知るだけでは不十分だ。そうした理由を理解しなければ、行動を起こすことはできない。そのためには、これまでとは異なる視点で顧客維持を捉える必要がある。プロダクト内の個々の機能に注目するのだ。こうしたインサイトがあれば、どの機能に定着性があり、どの機能に定着性がないのかを理解し始めることができる。

オンボーディングの仕事に終わりはない。オンボーディングは、ユーザーがアプリケーションで何を達成しようとしているのかを理解し、時間をかけて継続的にユーザーのニーズを満たしていく仕事だ。また、オンボーディングは、単に最初の利用体験に満足してもらうためのものではないと考えるべきだ。確かに第一印象は重要だが、新しいユーザーをアプリケーションに迎え入れた後は、そのユーザーがまた戻ってきてくれるかを確認する必要がある。戻ってこないユーザーは、永遠にリスクのある顧客となる。

CASE STUDY

カスタマー・ヘルス・スコアの構築

アプリケーションの中で成功している顧客と、健全でない顧客の違いがわかるだろうか？　この質問は、組織の規模が大きくなるにつれて、特に難しい質問になる。何百人、何千人もの顧客がいる場合、不健全な顧客をどのように特定すればいいのだろうか。

これは、世界中に複数のオフィスを持つサイバーセキュリティ企業であるRapid7社[70]が立ち向かった問題だ。顧客数が増えるつれて、顧客の健全度を把握できない部分が大きくなっていった。この問題に正面から取り組むために、Rapid7は、すべての顧客を迅速かつ容易に計測できる、カスタマー・ヘルス・スコア（CHS）を作ることを決めた。

始めよう：ヘルス・スコア・データ・ビンゴ

Rapid7チームがカスタマー・ヘルス・スコアのプロジェクトに取り組み始めるとすぐに、この指標を構築するには部門をまたいだ努力が必要であることに気がついた。最初のステップは、プロダクト、マーケティング、カスタマーサクセスなどの複数の部門からメンバーを集め、このプロジェクトのための運営委員会を設立することだった。

次に、チームはCHS指標に含めるべきデータポイントを選択する必要があった。チームが最初に試みたのは、「ヘルス・スコア・データ・ビンゴ」というエクササイズだ。これは付箋を使って、考えられるすべての指標をホワイトボードに貼っていくというものだ。そして、指標を絞り込み、優先順位をつけた。最終的には、それぞれの指標を顧客のヘルススコアモデルにどれだけ早く組み込めそうかを基準にして、「初期」「中期」「長期」のカテゴリーに分けた。その内訳は以下の通りだ。

初期

・プロダクトの定着状況

・サポート体験

・購買行動

70　https://www.rapid7.com/

中期
・カスタマーサクセスマネージャーからの情報
・カスタマーサクセスマネージャーによるやりとり
・NPS

長期
・ITエコシステム
・セキュリティ成熟度
・プロダクト認証

カスタマー・ヘルス・スコアのモデル

この運営委員会は、カスタマー・ヘルス・スコアの最初の試みとして、シンプルに、「初期」に分類したメトリクスのみをモデルに含めることに決めた。時間の経過とともに、データポイントを総合スコアに追加していくことにしたのだ。Rapid7の最初のカスタマー・ヘルス・スコアの総合スコアは、プロダクトの定着状況（40％分）、サポート体験（35％分）、購買行動（25％分）の割合で構成されていた。カスタマーサクセスのやりとりに関するデータがある場合は、「サポート体験」と差し替えて構成した。

これらの３つの要素のそれぞれは、複数のデータポイントを組み合わせたものになっている。例えば、CHSの「サポート体験」には、NPS、サポート完了までの時間、エスカレーションされた数などの統計量が含まれている。また、「購買行動」の要素には、プロダクト数、リニューアル回数、取り損ねた営業機会の割合などが含まれている。

スコアに基づいて、顧客は「非常に不健全」、「不健全」、「中立」、「健全」、「非常に健全」のいずれかに分類される。そして、そのスコアに応じて行動計画を立て、不健全な顧客により注意を払うのだ。

顧客のスコアから実行に移す

カスタマー・ヘルス・スコアのフレームワークを導入したことで、Rapid7は不健全な顧客を簡単に特定し、それに応じて「治療」ができるようになった。また、優先順位付けも、健全でない顧客をリストの上位に移動する、という非常に簡単なものになった。最終的には、顧客のスコアが時系列でどのように推移しているかも確認できるようになった。願わくば、不健全な顧客は時間の経過とともに健全な方向へ向かい、健全な顧客はその状態を維持してほしい。もしそうならない場合には、チームは迅速に問題に対処することができる。

Rapid7がカスタマー・ヘルス・スコアを導入して以降、いくつかの重要な知見が得られた。第一に、不健全な顧客を発見できたとしても、すでに取り返しがつかない場合があることだ。ある時点からいくらサポートを追加しても、健全な状態に戻ることはないのだ。第二に、健全な顧客は最高のクロスセル候補であることだ。プロダクトをさらに買ってくれる可能性が高い。一方、中立的な顧客は、最も時間をかけるべき顧客である。中立的な顧客は満足してはいるが、「未開拓」である。ちょっとした気配りで、最大のアドボケイトになってくれる可能性がある。最後に、カスタマー・ヘルス・スコア・モデルを作成するには、多くの試行錯誤が必要になる。もしこのモデルを作りたいのであれば、とにかく始めてみて、何度も繰り返しアップデートてほしい。

ヘルススコアの優れた点の１つは、さまざまな変数やデータポイントを統合して１つのスコアにできることである。この１つのスコアにより、顧客との時間の使い方に優先順位をつけ、顧客との関係にどのようなリスクがあるのかを理解することができる。

視覚的な表現、つまり健全は緑、警告は黄色、緊急は赤、のような表現を用いるとより効果的だ。この色分けを参考にすれば、顧客が離れてしまうことを防ぐために、どこに時間とエネルギーを費やすべきかがすぐにわかる。ヘルススコアで重要なのは、顧客の健全度を示す本当のサインを、単なるノイズにならないよう、確実に計測することだ。どんなスコアでもそうだが、入力されたデータが優れていればいるほど、良い結果が得られるだろう。

そのため、正確なヘルススコアを長期的に維持するためには、正しいデータを使って計算ができているかが課題となる。例えば、Pendoを立ち上げた当初、顧客のデータを自由に細分化できる機能を提供していた。その後、ソフトウェアに「セグメント」という機能を追加し、データを細分化するプロセスを簡略化した。顧客の健全度を示すスコアを作成する際には、顧客がセグメント機能をどれくらいの頻度で利用しているかをデータの１つとして組み入れたのだが、旧バージョンを利用している顧客がまだいることを認識できていなかった。そのため、実際には満足している顧客であっても、セグメント機能に気づいていないだけで、ヘルススコアが赤く表示されてしまった。

ここから学んだのは、ヘルススコアは生き物であり、顧客がプロダクトをどう使っているかという現状を反映する必要があるということだ。

また、顧客管理のユースケース以外でも、ヘルススコアの価値は発揮される。顧客が不満を抱いているからといって、それが顧客管理のせいだとは考えにくい。それはプロダクトの問題だ。だからこそ、プロダクトチームのメンバーが顧客のヘルススコア付けに緊密に関わり、利用パターンを分析することに大きな価値がある。より良いプロダクト作りに活かし、その結果として、幸せな顧客を生み出すためだ。

顧客維持

では、ヘルススコアの目的は何なのだろうか？　それは顧客維持だ。顧客獲得コストはとても高くなりやすい。高いコストで獲得した顧客を失いたくはないだろう。とはいえ、いくら最善を尽くしてもすべての顧客に個別に時間を割くことはできない。ヘルススコアは、基本的には警告のサインであり、どこに時間を費やすべきかを示す指標である。緑色の顧客を無視して、赤色の顧客に集中できるはずだ。

重点的に取り組むべき顧客がわかったとして、どうすればいいだろうか。まず、データを活用し、顧客との対話に役立てよう。プロダクトからより多くの価値を得るために、何を見逃しているのかを顧客に伝えるのだ。また、他のユーザーがどのようにプロダクトを使用しているかをデータで見せたり、うまくいっている特定の顧客の事例を共有することもできる。インスピレーションを得て、それを真似してみようと思うだろう。

同様に、ヘルススコアを活用して、アプリケーション内のインタラクションを自動化することもできる。例えば、利用率の低い顧客に、プロダクトをもっと利用するとどのようなメリットがあるかを伝えるメッセージを送ることができる。顧客と契約更新の会話をする前に、より多くの価値を提供することができるだろう。

クロスセル／アップセル

プロダクト主導型の強力な顧客維持戦略を確立できれば、ビジネス成長の可能性が広がる。ユーザーがプロダクトでもっと多くのことができるようにするのだ。小規模での導入から始め、クロスセルやアップセルを行っていくことを「ランド&エクスパンド」と呼ぶことがある。これはサブスクリプション型ビジネスの用語だが、他のビジネスモデルにも当てはめられる。具体的な価値を顧客にもたらすことで、プロダクトに夢中になってもらいたいだろう。であれば、そうした関係を拡大する方法を考えるのだ。クロスセルとは、簡単に言えば、顧客に別の商品を販売することだ。アップセルとは、同じプロダクトで、より多く売り上げる、つまり購買数を増やしたり追加の機能に課金することで売り上げを増やすことだ。既に購入した分の上限に達したことを、プロダクト内で顧客に知らせ、自動的に追加購入を促すこともできるだろう。また、プロダクトに満足しているユーザーに、より高い価値を得るための高度な機能の利用を促すこともできる。このような促し方をするには、どのような機能がユーザーの心を掴むのかを理解する必要がある。Intuit社の例だが、Quickenのユーザーは納税時期になると、Intuitの別プロダクトであるTurboTaxとQuickenがいかに簡単に統合できるかを説明したメッセージを受け取る。そこからプロダクトを購入することもできる。これらはすべて、投資に見合う価値を顧客にもたらすことを目的としている。

まとめ

企業が「生涯顧客」を作りたいと言っているのをよく耳にする。しかし、それは本当は何を意味していて、どうすればいいのだろうか？　この章では、プロダクトが顧客を惹きつけるだけでなく、長期的に顧客を維持するために、いかに重要な装置であるかを説明した。顧客維持の方法を理解するためには、考え方を変え、顧客の満足度が反映されるヘルススコアなどの先行指標に目を向ける必要がある。このようなデータに基づいたインサイトが得られれば、顧客のエンゲージメントと顧客維持を高めるための新たな方法を見出すことができる。自社の提供するあらゆるプロダクトをクロスセルし、アップセルするようなことだ。しかし、顧客に生涯にわたって満足してもらうためには、プロダクトを進化させ、再構築することで、顧客が継続的に価値を得られるようにしなければならないという、もう１つの要因にも触れておかなければならない。この課題については、第３部で取り扱う。プロダクト主導型の世界でプロダクトを提供するための新しい方法についてである。

PART Ⅲ

プロダクトデリバリーの新たな方法

A New Way of Delivering Product

本書の最初の２つのセクションで取り上げたテーマにうまく取り組むには、プロダクトデリバリー[71]戦略が必要だ。顧客、チーム、そしてチーム内でのコラボレーションが必要になる。また、データを活用し、優れた顧客体験を提供することに焦点を当てながらも、プロダクト主導型組織は、新プロダクトや新機能のデザインとデリバリーに対するアプローチを見直す方法を学ばなければならない。これが本セクションの焦点だ。

デジタル時代においては、企業は聞き上手になる必要があり、そのためには新しいスキルセットが必要だ。つまり、プロダクトを利用している顧客の声に耳を傾け、顧客をより良い成果に導くのだ。顧客のエンゲージメントに効くポイントを理解し、プロダクトに全面的に定着してもらうことが、前向きな結果をもたらす。

プロダクトマネジメントは、多国籍消費財メーカーであるProcter & Gamble社から生まれた専門分野だ。プロダクトマネジメントは、テクノロジーやソフトウェアに対応するためにかなりの適応が進んできたが、他の分野と比較するとまだ相対的に未成熟だ。ビジネスモデル、エンジニアリング手法、テクノロジーの急速な進歩により、プロダクトマネジメントは進化を余儀なくされている。プロダクト主導型のムーブメントは、従来のプロダクトマネジメントのモデルを破壊する最新のモデルであり、どのようにチームを編成し、顧客とコミュニケーションし、フィードバックを管理するかという課題を私たちに突きつける。従来のモデルでは、今は対処できていても、これからの急速な変化や大量のデータに十分に対応することができない。

また別の側面として、開発作業のROIの計測がある。これは、プロダクトの中で何が使われていて、何が使われていないのかを知ることである。また、機能の廃止を決断することも含まれる。これは、計画中の機能についても同様で、ロードマップの優先順位付けのために必要なデータとなる。

要するに、実際に顧客から得た情報があれば、うまく行っていることに労力を注ぐことができる。顧客のプロダクトの利用状況を改善すると同時に、自分たちのリソースに関しても、良い判断が継続的にできるだろう。

71　訳注：開発したソフトウェアのデプロイを通じて、プロダクトを市場や顧客のもとに届けること。

CHAPTER 11 プロダクト主導型デザイン

第３章では、私がキャリアの初期に、ユーザー体験の改善にあたり、ユーザーからフィードバックを引き出すために、思考を発話してもらう調査方法などを学んだことに触れた。そこでは強力なユーザビリティ研究室があり、マジックミラー越しにユーザーがソフトウェアを操作する様子を見ることができた。当時、デザインは非常に重厚なプロセスだった。しかし現在のデザインは、よりダイナミックで流動的だ。

ユーザー体験を早めに検証する

プロダクトオーナーは、顧客と一緒にお酒を飲みながら紙ナプキンにスケッチしたプロダクトのアイデアを、すぐに作り始めたいと思ってしまうことがある。しかし、それは良いアイデアではない。

また、MVP（Minimum Viable Product, 実用最小限の製品）を開発するための計画とリソースを正式に決定した途端、発散的な思考をやめてしまうことがある。さらに、正式な開発プロジェクトになると、頭がいっぱいになり、顧客体験を前面に押し出す機会を作ることよりも、開発者のリソース確保や要件定義、スプリント計画[72]などに気を奪われやすい。

まずはチームで一緒に、ストーリーボード作りやマインドマップ作りをするようなアイデア出しをやるとよい。そして、プロダクトのコンセプトが実際の画面フローとしてどう実現されるのかを、簡易プロトタイプで表現し、アイデアを具体化するのだ。その後、より詳細なプロトタイプで、プロダクトの最終版と区別がつかないほどの見た目、感触、動きを明確に表現する。クリック、タップ、スワイプのすべてが意図した通りでなければならない。

近頃のプロトタイプは再現の忠実度が高まっている。アニメーション、マイクロインタラクション、ホバーの状態など、プロダクトを表現する微妙なニュアンスも加えることができる。これは、より意味のあるフィードバックを集めるため、また、デザイナーと開発者が完全に連携してデザイン通りのプロダクトをリリースするために重要である。多くの場合、ユーザーにプロダクト全体をモックアップで試してもらうことができる。このように早期にフィードバックを得ることで、最適ではないかもしれないソリューションを作って多くの時間を費やしてしまうことを避けられる。

投資グループのGVが開発したアプローチで、５日間の「スプリント」と呼ばれるものがある[73]。顧客の重大なビジネス課題に、顧客と一緒に取り組むために、デザインを通してアイデアを出し、プロトタイプを作成し、動作するプロトタイプを開発するためにテストしてみるというものだ。数週間、数カ月、あるいはそれ以上の時間をかけて無限のフィードバックループを繰り返すのではなく、スプリントで顧客と一緒に作業することで、わずか１週間でMVPを立ち上げることができる。

プロダクトの方向性がユーザーによって検証され、明確になるまで、１行のコードも書かないようにするために、これらすべてのステップが極めて重要になる。

72　訳注：アジャイルソフトウェア開発の１つであるスクラムにおけるチームイベントの１つ。スプリント（２週間など、決まった長さで繰り返すいち作業期間）で実行する作業の計画を立てる。

73　GVのウェブサイト：https://www.gv.com/sprint/

部門を越えたコラボレーション

革新的なデザインは、切り離されて提供されるサービスではないし、縦割り組織の中で起こることもない。それは、継続的なプロトタイピングとイテレーション[74]を伴う高度なコラボレーションプロセスであり、できるだけ早い段階で、できるだけ多様な視点からの賛同が得られるかどうかにかかっている。

社内外からの多様なフィードバックには、2つの大きな利点がある。1つは、プロダクトの利用状況のすみずみまで考慮し、顧客をより包括的に把握できることだ。2つ目は、(「ふりだしに戻る」のような繰り返しをせず) プロダクトチームが最初から正しいプロダクトをリリースし、イテレーションに集中ができることだ。例えば、摩擦のある部分を理解し、いくつかのソリューションを試してみたいとする (第8章の「摩擦の特定」「摩擦を取り除く」の節を参照)。実際にそうした摩擦を経験したことのあるユーザーと一緒にテストをすれば、より良いインサイトが得られるだろう。しかし、このようなユーザーは使いこなすためのさまざまな回避策や習慣を確立していることがあり、そうすると初心者にとっては大きな問題になるような小さな摩擦に気がつかなくなることがある。オンボーディングのプロセスを例に挙げると、既存のユーザーはすでにこのプロセスを経験してしまっているので、プロセスを再設計する際のテスト対象としては適していない。

このような検討には、顧客に参加してもらおう。そして、すべてのステップで開発者にも参加してもらおう。顧客がプロトタイプを操作する様子を開発チームに見てもらい、直接話すことで、ユーザーにより感情移入してもらえるだろう。マーケティングや営業に計画を共有しよう。早期に役員の賛同を得よう。重要なインサイトはいつでもどこからでも得られるので、早めに探そう。最初から全員が同じビジョンに沿っていれば、最終的にはより良いプロダクトをより早くリリースすることができる。

74 訳注:「繰り返し」や「反復」という意味。必要十分に短い期間で繰り返しを行うことで、良いフィードバックの収集やアイデアの検証を行うことができる。アジャイルソフトウェア開発の分野でもよく利用される。

デザインを大規模に運用する

デザイン負債は、プロダクトの中において、再利用できず一貫性のないスタイルや慣習が過剰に存在することで生じる。こうした負債に対し払わされる利子とは、その混乱した状態のままをなんとかメンテナンスして保つという無理難題である。時間が経つにつれ、こうした負債の蓄積が大きな重荷となり、成長を妨げる。

デザインを実践する運用を成熟させることは、デザイン負債を減らし、プロダクト開発のライフサイクル全体に大きな恩恵をもたらす。これにより、デザインとイテレーションのスピードが倍増し、顧客体験に一貫性をもたらすことができる。このような成熟したレベルに至るための重要なステップの１つが、デザインシステムの採用だ。

「デザインシステム[75]」は、プロダクトのデザインに関する信頼できる唯一の情報源を作り出す。それは、誰もがすぐに使いこなせるデザイン言語であり、設計、プロトタイプ、そしてそのままコードにまで迅速かつ簡単に組み込むことができる。また、デザイン負債を減らし、デザインプロセスを加速させ、プロダクトを実現するために協調して働くチーム間の架け橋となる。しかし残念なことに、多くのプロダクトチームはこの分野にあまり投資していない。その結果、プロダクトのデザインは統一的に適用されず、ほとんど価値のないものになってしまう。デザインシステムの適用は、一貫性のあるデザインと整合したチームを作るために最も重要である。

デザインの運用と、デザインシステムの適用の促進においては、以下の３つの対象者を考慮することが重要になる。

デザイナー：デザインシステムはデザイナーがすでに使用しているツールやワークフロー上で、デザインを運用可能にしており、また、組織が協力しやすい共通言語を作りだしているか？

75　訳注：企業やプロダクトにおけるデザインに一貫性を持たせ、同時に効率化を図るために、デザインのコンセプト、原理と原則、スタイルガイド、アイコンやUIコンポーネントのライブラリなどをまとめたもの

開発者：デザインシステムは、APIを介してデザイン言語へのアクセスを容易にしているか？
その他のステークホルダー：デザインシステムは、組織内の（さらには外部も含めて）あらゆるところからアクセス可能な、デザインに関する信頼できる唯一の情報源として広く開示されているか？

良いデザインシステムは、デザイン言語の完全性を維持するために、強力なアクセス制御、バージョン管理、およびデータ保護によって、これらの対象者をうまく分離するものだ。

世の中を変えるような愛されるデジタルプロダクトは、プロセスのあらゆる段階で顧客のことを考えるデザインチームによって生み出されている。彼らは顧客の課題を理解し、その課題を社内外の人々がどのように捉えているかも理解した上で、その課題を解決するビジョンに向けて協働する。全員がそのビジョンに賛同していれば、その後のすべての意思決定に、組織に深く根ざした共感が得られる。「Why」さえ受け入れられれば、あといくつかの「What」や「How」の先に、優れたプロダクトが現れるだろう。

まとめ

プロダクトをデザインする方法は、これまでとはまったく異なっている。プロダクトマネジャーが直感や経験だけを頼りに、ユーザーが何を求めているかを判断していた時代は終わった。今の時代、デザインにアジャイル思考を取り入れる必要がある。顧客の課題を解決する最も影響のあるプロダクトデザインを提供するには、プロトタイピングの速さと、チーム間のコラボレーションを最優先にする必要がある。次の章では、プロダクトをリリースし、ユーザーに定着させる方法を見直す際に、この原則をどのように適用できるかを説明する。

CHAPTER 12
ローンチと定着の促進

私は人生の大半でソフトウェア開発をしてきた。また、３つの企業をゼロから立ち上げてきた。ソフトウェアをローンチ[76]し、ユーザーがそのプロダクトや機能に定着することについて、経験を通じて得られた学びがいくつかある。この学びは皆さんにとっても有益だと思う。手短に言うと、昔よりもはるかに戦略的にプロダクトをローンチできるようになったということだ。

１つ目の大きな学びは、クラウドベースのソフトウェア、つまりSaaSの出現により、変更を即座にユーザーに届けることができるようになったことだ。これは非常に価値のあることで、特にハードウェアの場合は、最新のソフトウェアを搭載していないとすぐに役に立たなくなってしまう。リリースサイクルが早くなることで、より頻繁にフィードバックを収集できるようになり、顧客のニーズに最も沿ったプロダクトを提供できるようになる。これは、アジャイルの第一の目標でもある。

共有できる２つ目の学びは、ソフトウェアをデリバリーするための従来のアプローチがどのように変化したかについてである。かつては、プロダクトの構想を練り、エンジニアが構築し、エンドユーザーに出荷するという、い

76　訳注：新しいプロダクトや機能を市場に出すこと。

くつかの工程が連なった「ウォーターフォール型」でソフトウェア開発を進行していた。しかし、このアプローチには欠陥があった。私が経営していた企業では、前もって多くの想定をプロダクトに埋め込んでしまっていた。このため、時が経つにつれて反復したり変更を加えることが難しくなっていた。

言い換えると、古い要求に基づいてソフトウェアをリリースしていたのだ。プロダクトがリリースされる頃には、顧客は新しい要求を持っていて、私たちのリリースではそうした要求を満たせなかったのだ。さらに悪いケースでは、顧客の要求を最初から誤解していたこともあったかもしれない。リリースの時点では、顧客のニーズに応えることはできず、顧客に「ミスを修正するには、あと12〜18カ月かかります」と伝えなければならなかった。もちろん、これでは悪循環に陥いることになる。

私がこの仕事を始めた頃は、まだCDや物理的なパッケージを出荷し、マニュアル本を書いていた。企業にはほこりをかぶった巨大なキャビネットがあり、そこには長年蓄積した古いマニュアルが保管されてた。古臭いと思われるかもしれないが、それが当たり前だったのはそんなに昔の話ではない。当時、企業は大掛かりな新機能の構想を練って、ユーザーがCompUSA[77]に行って最新版のソフトウェアを買ってくれるようにしなければならなかった。

ソフトウェアのアップデートは、多くのユーザーにとって苦痛だ。私が大手ソフトウェア企業のプロダクト責任者だった頃、大規模な機能追加のリリースをすると、何日もの間、その変更に不満を持つ顧客からの怒りの電話を受けていた。教育用のウェビナーを開いたり、ブログを何十記事も書いたりして、顧客が変更に備えられるようにしていたにもかかわらず、顧客はパニックになっていた。

そういったこともあり、私たちはエンジニアに声をかけ、プロダクトの変更回数を減らす必要があることを伝えた。しかし、ご推察の通り、これはエンジニアの考え方とは正反対だ。エンジニアは、リリースしたプロダクトに満足することはなく、もっと改善したいと思っている。その当時に比べると、ソフトウェアのリリース方法は変わった。もはや顧客の事情を無視してソフ

77 訳注：かつてアメリカでパソコンや家電などを扱っていた大手PCチェーン。

トウェアをリリースしていても、顧客がプロダクトに定着してくれることは期待できないだろう。

このような課題を克服するために、私はPendoを立ち上げた。プロダクトチームが最初から顧客を惹きつける粘着性のあるプロダクトを構築することを支援したいと考えた。ビジネスの都合でプロダクトを無理やり顧客に提供しようとするのではなく、プロダクトがビジネスを引っ張ってくれるようにしたかった。つまり、プロダクトを正しく位置付けることで、そこからビジネスが始まるようにするということだ。

新規プロダクト、そして新機能にはライフサイクルがある。コーディング、テスト、デプロイ[78]というプロセスがある。しかし、それはあくまでもプロダクトの構築フェーズのことであり、プロダクトのデプロイをした後にどれだけの作業があるのかは軽視されがちだ。その後のフェーズには、限定リリース、ローンチ、成長、そして終焉がある。そう、おおよそすべてのプロダクトや機能は、ある時点で終焉を迎えるのだ。通常、私たちはこれを「サンセット（日没）」と呼んでいるが、これは単に終焉を婉曲的に表現したものだ。それぞれのフェーズでは、検討すべき異なる目標と指標がある。

例えば、限定リリースやローンチでは、私はいくつかの異なることを計測している。

・誰がそれを試しているか？
・そのユーザーに意図した通りの価値を提供できているか？

もちろん、すべてのプロダクトや機能が継続的な利用を目的としている訳ではないので、意図した価値を測る尺度はプロダクトや機能の意図に大きく依存する。さらに言えば、ローンチのフェーズでは「Who」が非常に重要だ。ジェフリー・ムーアが『キャズム Ver.2[79]』で紹介した有名なフレームワークでは、市場をイノベーター、アーリーアダプター、アーリーマジョリティ、

78 訳注：開発したソフトウェアをサーバー上に配置をして、ユーザーが機能を利用できるように準備すること。

79 『キャズム Ver.2 増補改訂版』（ジェフリー・ムーア 著、川又政治 訳、翔泳社、2014年）

レイトマジョリティ、ラガードに分けている。ローンチの時期では、私は、イノベーターとアーリーアダプターが新しいプロダクトをどのように使っているかを具体的に計測し、ユーザーの第一印象を測るための定性的なフィードバックを引き出すようにしている。アーリーアダプターはローンチされたばかりのプロダクトを使うのに慣れており、彼らのプロダクトに対する期待は現実的なものなので将来に向けた成功の良い前兆となる。

ロールアウトの管理

ソフトウェアの世界では、さまざまな物事のロールアウト[80]をコントロールできると捉えてきた。新プロダクトや新機能を一部のユーザーでテストしてから、その後にすべてのユーザーに公開することができる。なお、すべてのユーザーへ公開するバージョンのことを、技術的には「GA（Generally Available)」と呼ぶ。

一般的な考え方は、プロダクトの初期バージョンを事前に公開してフィードバックを収集し、イテレーション作業を行い、GAの対象となる顧客全体にいつ展開するかを決定するというものだ。通常、ソフトウェアの準備状況を測るために、いくつかの異なるバージョンをリリースする。まず、超初期バージョンを意味する「アルファ」から始まり、「ベータ」では、人々にプロダクトを叩いてもらい、その出来栄えを教えてもらう。また、「リミテッドベータ」や「オープンベータ」という言葉もあるが、これはそのプロダクトにどれくらいの人がアクセスできるかを示すものだ。(「ガンマ」という言葉が使われることはほとんどない)。

これはまだ完成していないプロダクトをローンチし、特定のユーザーにプロダクトの進化を助けてもらうという考え方だ。ユーザーは、プロダクトの成功の一助になることで、プロダクトへの関与や所有感を覚える。場合によっては、プロダクトが何年もベータ版のままなこともある。例えば、Google

80　訳注：新しいプロダクトや機能をユーザーが利用できるように公開を開始すること。本章であるように、まず一部のユーザーに公開し、徐々に対象を広げていく段階的なロールアウトもよく行われる。

のGmailのベータ版は2004年にリリースされたが、2009年にGAが正式にリリースされるまで、ずっとベータ版のままだった。

ベータ版のユーザーは最高の顧客だ。彼らはプロダクトに好意を持ってくれていて、きっとあなたも彼らに好意を持っていることだろう。ベータ版の顧客は、見つけたどんなバグでも好んで知らせてくれる。

今日では、社内外を問わずアーリーユーザーに使ってもらっていないものを、一般にリリースすることはほぼない。企業によっては、アルファ版やベータ版のリリースに関連した包括的なリリースプログラムを持っているところもある。洗練されているかどうかにかかわらず、これらのリリースはGAに向けたプロセスの重要な関門になる。一般的に、こうした早期リリースの目的は、準備が整っているかどうかを判断することだ。「広く一般に見せられる準備ができているだろうか？」ということを問うのだ。

プロダクトの機能は実験から始まる。ユーザーセグメントやサンプルグループにいくつかのパターンを展開し、その影響の結果をプロダクトのメトリクスに照らし合わせる。機能が洗練されると、他のユーザーグループにも徐々に拡大展開してゆく。ユーザーグループは、アップデートの通知を受け、新機能についての教育を受ける。プロダクトチームは、機能が強化され改善されるにつれて、さらに多くのユーザーを迎え入れ、一連の実験としてアップデートを展開してゆく。

エンジニアリングのアジリティ（機敏さ）は、５年ごとに桁違いに向上している。これは、コンピューティング速度の増加割合を示すムーアの法則に似ている。20年前、マイクロソフトはWindows XPをリリースするのに２年かかった。それ以来、業界では半年、四半期、月、週、そして今では毎日ソフトウェアをリリースすることが当たり前になっている。この革命を可能にしているテクノロジーは、クラウド、継続的インテグレーション（CI）、継続的デリバリ（CD）など、よく知られているものばかりだ。この傾向が続くとすれば、あと５年もあれば、平均的なエンジニアリングチームは毎日数十回のデプロイを行うようになるだろう。

アジャイル開発は、エンジニアリングの分野を超えて、プロダクトマネジメントも再構築した。ウォーターフォール型のリリースから遠く離れ、より速いサイクルへと移行したのだ。最小限の実行可能な機能を早期にリリースし、その後、顧客からの継続的なフィードバックに基づいて、迅速なイテレーションのサイクルを回す。

少し前までは、デザインは「きれいにする」ことの追求だった。今日では、デザイン思考とその実践が、プロダクトを市場に送り出すためのすべてのステップに浸透している。Airbnb、Facebook、Netflix、Amazonなどの企業は、プロダクトの新バージョンをリリースするたびに、まるで将来を見通したかのようなデザイン先行型の手法を用いて、業界全体を再構築してきた。

業界の破壊者たちがそうした方向性を示したことで、スタートアップからFortune 500に名を連ねる企業までが、ダイナミックで包括的、かつスケーラブルなデザインの実践手法を構築している。アジャイルが、開発フェーズにおける迅速なイテレーションの世界を形作る中で、デザインフェーズにもアジャイルアプローチを適用するプロダクトチームが増えている。それによって、より少ない制約条件の元で、より速く反復ができるようになる。このようにして、世界の一流の企業はそれまでの時代からは飛躍した顧客体験を提供しているのだ。

ソフトウェアリリースの終焉

ソフトウェアの開発プロセスが進化するにつれ、プロダクトのバージョンを定義するという考え方がほとんどなくなった。この考えはさらに一歩進んでおり、最近の多くプロダクトデリバリーチームでは、「プロダクトリリース」という概念さえもなくなり始めている。代わりに、プロダクトは流動的で急速に進化する機能の集合体となり、ユーザーのために独自に組みあげられるようになりつつある。

25年前、ソフトウェアプロダクトの新リリースは注目すべきイベントだった。いくつかの種類のソフトウェアプロダクトは現在でもそうで、オペレーティングシステム（OS）は顕著な例だ。しかし、私たちが日常的に使用しているソフトウェアプロダクトの多くでは、バージョンの概念が薄れてきた。今使っているGoogle Mapsのバージョンはいくつだろうか？　Facebookは？

Twitterは？　エンドユーザーにとってバージョンは関係なく、最新でさえあれば何でもいいのだ。

アジャイル開発の手法や、それに関連する継続的デリバリーなどの手法の台頭により、ソフトウェアチームはソフトウェアのデリバリーサイクルを劇的に短縮できるようになった。かつては数カ月ごとにリリースされていたプロダクトが、今では数日ごとにリリースされるようになった。こうしたことと同時に、プラットフォームとしてのWebの機能が向上したことで、多くのプロダクトがデスクトップ版からブラウザ版に移行した。これにより、プロダクトの新バージョンをリリースする際の摩擦が大幅に減った。プロダクトマネジャーは、もはや数日かけた大掛かりなリリースにやきもきする必要はない。かつてはエンジニアリング部門によって、深夜のリリース作業が行われ、さまざまな部門から何人ものエンジニアがトラブルへの待機のために集められていた。今はその代わりとして、多くのプロダクトデリバリー組織で、あらゆる変更を機能フラグで管理することが一般的になっている。プロダクトの変更は、「ローンチ」や「リリース」ではなく、段階的に展開されるようになった。

なくてはならない機能フラグ

機能フラグとは、リリース時に機能のオン/オフを切り替えるための仕組みで、アルファテストやベータテストの構成要素にもなる。この仕組みを利用することで、限られた顧客にだけ特定の機能を展開し、より段階的な規模でテストが行える。

機能フラグに馴染みのない人は、コードを本番環境に展開しながらも、一部のユーザーにのみアクセスを開放する方法と考えてほしい。この仕組みは、コードの外側で動的に制御でき、機能フラグを切り替えるためにエンジニアの作業を必要としない。

機能フラグを採用している企業の一例として、Tesla社が挙げられる。Teslaの顧客は、自分の車に、最新かつ最高のソフトウェアを自動的に適用することも選択できるし、少しずつ適用することもできる。他のユーザーがその機能を試した後がよいと思う人には、ソフトウェアの適応を待つという選択肢があるのだ。

これに関連した手法として、ユーザーがアップデートを元に戻せるようにするという方法（「戻る」ボタンのようなもの）がある。これにより、ユーザーは自分の体験をコントロールできるようになる。この方法のさらなる利点は、ユーザーが新しい機能を好むかどうか、という次のアクションに役立つ情報を得られることだ。元に戻さなかったユーザーが十分にいれば、その機能は成功したと言える。

一部のユーザー、特に企業のユーザーにとっては、絶え間ない新機能の追加が混乱の元となることがある。例として、世界中の優秀なボランティアのエンジニア軍団によって常にアップデートされているオープンソースのLinux OSがある。もしLinux上でeコマースビジネスを展開している場合、そのアップデートがいつ、どのように適用されるかをコントロールできる機能が欲しいと思うかもしれない。Red Hatのような企業は、まさにそうしたことをビジネスモデルにしている。企業は、Red Hatが整理し、管理しているバージョンのLinuxにお金を払うのだ。そうすることで、日々の業務に支障を及ぼさないように管理された方法でプロダクトのテストやロールアウトを行うことができるので、こうしたアプローチには多くの価値がある。

機能フラグは、プロダクトチームとエンジニアリングチームの両方で、さまざまな用途に使われている。特にプロダクトマネジメントにおいては、機能フラグを使うことで以下のことが可能になる。

本番環境でのテスト：機能テストや性能テストを、一部の顧客を対象に本番環境で直接実施できる。これは、新機能が顧客の間にどのように広がるかを把握するための、安全で効率的な方法だ。

新機能の安全なロールアウト：フラグを使えば、プロダクトマネジャーはある機能を一部の顧客に提供したり、顧客の体験に問題がある場合にはすべての顧客から削除もできる。このように、機能を「殺す」発想は、緊急修正やコードのロールバックのためにエンジニアに依存してしまうよりも良いだろう。

プロダクトマネジメントに計測可能なアプローチを持ち込む：ロールアウトによって変更を適用する際には、その変更によるインパクトも注視する。機能フラグの操作がプロダクトマネジメントの領域に移ったことで、プロダクトマネジャーは、アクティブユーザー、コンバージョン率、1時間あたりの取引件数など、より高いレベルのビジネスKPIに焦点を当てて計測を行うようになった。

また、機能フラグを使って、無作為に抽出した顧客を対象にしたテストもできるだろう。例えば、無作為に選んだ10%の顧客をトリートメントグループとしてテストしたとする。そうすれば、顧客全員ではなくわずか10%の顧客で、問題点を特定したり、バージョンを戻したりできる。

オンラインクラフトマーケットのEtsy[81]は、毎日何度もアップデートすることで有名だ。1日に50回もアップデートすることもある。Etsyでは、これらのアップデートを注意深く追跡している。アップデートの中に、ユーザーのアクティビティを悪化させる変更点があれば、自動的にその変更点が取り消されるのだ。

機能フラグには、注意すべき面もある。例えば、ユーザーごとにそれぞれ異なるフラグを立てていたらどうなるだろう。ユーザーが電話で問い合わせをしてきたとき、サポートチームはどのフラグが有効かどうやって知ることができるだろうか？　また、複数のフラグの組み合わせに基づいてプロダクトのドキュメントをどのように作成できるだろうか？

あまりにも多くの機能フラグを持つコードの維持は、持続可能性のなさや管理のしにくさにつながる。新しい機能を追加しようとするたびに、フラグの数が多すぎて作業に長い時間がかかるかもしれない。これを「フラグ負債」と呼んでいる。そこで、ある時点で、過去にさかのぼって、古いフラグのいくつかは取り除く必要がある。

機能フラグは、プロダクトの実験という新たな実践を可能にした。これは、機能が顧客体験に与える影響を計測する仕組みと組み合わすことができる。

81　https://www.etsy.com/

プロダクトの実験の台頭

多くの企業が、価値あるソフトウェアを迅速に提供する最適な方法として、オンラインで制御可能な実験に取り組み始めている。プロダクト実験プラットフォームは、プロダクトチームのプロダクト開発が顧客体験に与える影響を計測して明らかにするのに役立つ。

機能フラグを使った実験では、ユーザーを無作為にトリートメントグループとコントロールグループに振り分ける。トリートメントグループに割り振られたユーザーにはある機能へのアクセスが与えられ、一方でコントロールグループのユーザーには当該機能へのアクセスは与えられない。プロダクトのデータ収集機構がユーザーのメトリクス（またはKPI）を取得し、統計エンジンがトリートメントグループとコントロールグループの間のメトリクスの差を計測し、ある機能がチームのメトリクスに変化をもたらしたか（単に相関があったかではない）を判断する。チームのメトリクス（またはチームに関係しないメトリクス）の変化は、良いものにも悪いものにも、意図的なものにも意図しないものにもなりえる。こういったデータがあれば、プロダクトチームやエンジニアリングチームは、リリース対象を広げたり、その機能の改善を重ねたり、あるいはあるアイデアを捨てる判断もできる。このようにして、価値あるアイデアだけが生き残るのだ。

実験は決して新しいアイデアではない。Google、Facebook、Netflixなど、人気のある消費者向けプロダクトのほとんどは、定期的に実験を走らせている。プロダクトマネジメント組織は、実験によって、開発の努力が顧客体験に与えた影響を正しく計測できるのだ。

しかし、BtoBのソフトウェアの世界では、別の角度からの検討が必要だ。新機能の提供で、一部の顧客からはより多くのお金をもらうことができる。ラボで何が作られているかを見て、それを形にする手助けをするという特権に対価を払いたいと思っている顧客だ。このような顧客は、クリエイティブなプロセスへのある程度の介入や影響を喜んでいて、それは対価を払ってでも手に入れたいメリットなのだ。

機能の認知と定着

プロダクトチームは、大きな新機能をリリースする準備をしているとき、自然とワクワクするものだ。理想的には、その機能がすぐにすべての顧客に熱狂的に定着してほしいだろう。しかし実際には、そうなることはほとんどない。機能の定着は散発的な傾向があるからだ。また、多くのチームはプロダクトがどのように利用されているかを把握していないため、その機能がどれだけ広く定着したかを正しく理解できていない。

すべてのプロダクトチームは、顧客に価値をもたらす機能を構築したいと考えているが、そのためには顧客からの効果的なフィードバック、適切な計測、そして新しいアップデートに早く気づいてもらうための能力が必要になる。

しかし、ユーザーを教育し、サポートする方法も進化しなければならない。ソフトウェアと一緒にドキュメントを提供することだけにはもう頼れず、これまでとは違った方法で考えなければならない。スマホアプリを開いたときに新機能のガイドツアーが表示されたり、新しいボタンにカーソルを合わせたときにポップアップメッセージが表示されたりするのはそういった理由がある。

新機能ができたことをどのように伝えるかは、関係する人の数が多いため、大きな課題となる。まず顧客がいる。そして社内のサポートチームがいる。顧客に新機能の教育をせずに、大量の新機能を展開することは避けるべきだろう。さもなければ、サポートチームが存在することさえ知らなかった問題について、すぐにたくさんのヘルプデスクのチケットが送られてくることになる。

ここには、いくつかの異なる哲学が存在している。もしあなたがEtsyで、1日に50回アップデートしているとしたら、そうしたアップデートをいちいち告知することはできないだろう。そのようなプロセスは単純に維持できない。

企業によっては、混合型のアプローチをとることもある。変更のたびにソーシャルメディアで告知し、四半期ごとに顧客にその期間の変更点を説明するという方法だ。

しかし、告知に最も良い方法は、アプリの中で直接告知することだ。効果的な方法の1つは、更新があったときにボタンやバッジを点滅させたり光らせたりする方法で、これによりユーザーがクリックしたり、マウスでホバーすることを促すのだ。この方法で、ユーザーの邪魔にならないようにしつつも、どのような変更があったかを知らせることができる。ユーザーがボタンをクリックすると、フラッシュや光は消える。

プロダクトの成功が機能の定着に依存する理由

ソフトウェアのライセンス形態がサブスクリプションに移行していることは、何度か述べてきた。多くのソフトウェアプロダクトは、顧客がサブスクリプションを契約更新するごとに、何度も何度もソフトウェアが購入されたことになる。契約更新は、顧客がソフトウェアからの継続的な価値を認識し、その価値を受け取っているかどうかにかかっている。つまり、顧客が新機能を認識し、積極的に利用すれば、新機能は付加価値を生むチャンスとなる。

しかし、使われていない機能が悪影響を及ぼす可能性もある。これが、プロダクトチームがプロダクト全体における機能の定着に、より注目するようになった理由だ。使われていない機能は、顧客がお金を払っているにもかかわらず、その価値を実感できていないことを意味する。十分に使われていないということは、知覚価値を下げ、最終的には顧客のプロダクトに対する対価の支払い意欲を下げることになる。

機能の定着の計測

顧客にある機能が定着しているかいないのかを計測することは、一見簡単なことに思えるかもしれないがそうでもない。例えば、機能利用状況は、機能の定着を表現する最良のベンチマークではない可能性がある。次のような例を考えてみよう。ソフトウェア企業Aがアップデートをリリースし、既存のユーザーに広く公開した。結果として、次の週には40%以上のユーザーがその機能を利用した。しかし、その1週間後には、その機能を使い続けているユーザーはほとんどいなかった。ソフトウェア企業Bも、新機能をリリースして公開した。その機能を手にしたのはごく一部のユーザーだったが、そのユーザーはその後も熱心に使い続けている。

前述のどちらのシナリオも機能の定着の例だが、どちらも特に成功したとは言えない。どちらの機能も、相当量の価値、および継続的な価値を顧客に提供できていないからだ。機能の定着を計測する場合、企業は以下の側面を考慮する必要がある。

定着の幅：ある機能が、ユーザー全体やターゲットとするユーザーセグメントにどれだけ広く定着しているか。その機能は、対象となるユーザーの大多数に定着しているのか、それともごく一部にしか定着していないのか。定着の幅を見ることで、新機能の初期における魅力度がわかる。

定着までの時間：ユーザーが新機能を使い始めるまでにどのくらいの時間がかかるか。その機能を知ったユーザーは、すぐにそれを試してみるのか、それとも数日から数週間待つのか。新機能が定着するまでの時間を見ることで、ユーザーのモチベーションを知ることができる。より早く定着した機能ほど、顧客の重要な課題やユーザビリティの問題を解決している可能性が高いと言える。

定着期間：ユーザーは、その機能を知った後、どのくらいの期間、その機能を使い続けるか。数回試しただけなのか、それとも定期的に使い続けているのか。これは、ある機能が目新しさを超えて、ユーザーに真の価値をもたらせているかどうかを示すのに役立つ重要な尺度だ。

この３つの観点から、何をもって定着の成功とみなすかは、ユースケースによって異なるのは明白だろう。しかし機能リリースの成果を評価する際に、これら３つすべてを考慮することが重要である。

機能リリースの促進

ソフトウェアの新機能は、ユーザーに知られなければ、幅広い定着は得られない。そのため、告知と発見を促すプロセスもまた、新機能の定着の促進には重要な要素だ。機能を告知する方法に万能な手はないが、戦略を立てる上で参考になる検討事項はいくつかある。まず第一は関連性だ。ユーザーは、自分にとって重要な告知にはより反応しやすい。ソフトウェアアプリケーション、特にビジネスソフトウェアアプリケーションには、役割、成熟度、技術力が異なる多様なユーザーが存在する。すべてのユーザーに深く関係する機能は非常に少ない。したがって、告知の方法は適切なユーザーセグメントに合わせる必要がある。また、その新機能が既存のユーザーだけでなく、将来の顧客にも関係しているかどうかも告知戦略を左右する。

第二の検討事項は、ユーザーにどんな行動をとって欲しいかだ。ユーザーは告知を見て何をすべきか。実際に使ってみるのか？　マニュアルを読むのか？　フィードバックをするのか？　どんな行動をとって欲しいかによって、新機能を発表する最良の方法も変わる。多くの場合、プロダクト自体が新機能を告知する強力なチャネルになる。機能の告知や宣伝をアプリ内のモーダルやツールチップの形で配信することで、ユーザーがプロダクトを利用している時に、関連性の高いタイミングで告知ができる。ベストプラクティスは、ユーザーセグメントごとに告知内容を分け、より関連性を高めることだ。

多くの場合、告知されたユーザーの次の重要な行動は、その機能を試すことだ。プロダクトの中で直接告知されれば、ユーザーはその機能を試しやすいだろう。メールやブログでの告知では、ユーザーはすぐにプロダクトにログインしてその機能を試すか、次にプロダクトを使うときに告知を思い出そうとする必要があるからだ。

機能の定着の向上

機能の定着を高めるには、最終的にはそれぞれの機能がもたらす価値が重要になる。しかし、その価値を理解するには明確なインサイトが必要だ。機能の定着状況を把握するには、プロダクトチームは機能の定着の幅、時間、期間を計測し、それらの計測値と、機能に関するユーザーからの直接のフィードバックを組み合わせる必要がある。

新しい機能があることの気づきやすさも、機能の定着において大きな役割を果たす。プロダクトチームは、適切なプロモーション戦略を活用することで、アクション性の高い告知を、最も価値のあるユーザーに確実に届けられる。

効果的な計測は、新機能がどの程度定着したかを理解するのに役立つが、なぜある機能が定着したのか、またその機能についてユーザーが実際にどう考えているのかを知ることはできない。こうした重要な情報を収集する唯一の方法は、ユーザーにフィードバックを求めることだ。ユーザーが新機能を使った最初の数回のうちに、フィードバックを収集する機会を探ってほしい。企業によっては、自由形式のフィードバックを好むところもあれば、ユーザー価値の水準を知るために、数字の尺度やイエス／ノーの質問を好む企業もある。

目標設定とトラッキング

一連の仕事が終わり一息ついた後は、目標がどうだったかをチェックする必要がある。達成できただろうか？　惜しかっただろうか？　その目標は正しいものだっただろうか？　目標をどのように表現したかは重要ではない。重要なのは、その目標をチェックして学びを記録することだ。もしかしたら、設定した目標を達成できずに無惨にも失敗したかもしれないし、もともとの命題の中に、何かを完全に見落としていたかもしれない。それはそれで問題ない（というか、問題にすべきではない）。重要なのは、学びをモデルやフレームワーク、テンプレートに組み込むことだ。そして、次はもっとうまくやるのだ。そのためには多くの規律が必要になる。ほとんどのチームは、目標を設定し、一生懸命働き、何かをリリースしたら、次のプロジェクトに移ってしまう。私は、ある仕事を終えるかどうかを意図的に決定するまでは、その仕事は実際には終わっていないと考えている。過去に私は、この広範囲にわたるプロセスを要約した大きなカンバンボードを作成した。

このカンバンには、エビデンスやデータを収集するための明確なフェーズがある。そのフェーズでは、計測とソフトウェアの改善の繰り返しに集中する。しっかりとした検証ができて初めて本当の完了に近づき、シャンパンと紙コップでお祝いする準備が整うのだ。

まとめ

本章では、プロダクトを成功裏にローンチし、顧客に使ってもらうことを確かなものにするための方法を説明した。次の章では、話の方向性を大きく変え、プロダクト主導型企業が、機能やプロダクトを撤退する時期をどのように決定するかを見ていく。

CHAPTER 13
手放すというアート

「良いことはいつまでも続かない」という言葉があるが、それはプロダクトや機能にも当てはまる。自分が作ったものに感情移入しすぎないことが大切だ。役に立たなくなったものは、絶対に削除したほうがいい。より良い新しい手段が生まれるのが常だ。しかし、コードが古くてコードベースを占有していたり、不具合を発生させていると、結局はコードの負債に対応しなければならない。また、ユーザーインターフェースが煩雑になるという問題もある。機能を追加するたびにメンテナンスやトレーニングが必要になり、ユーザー体験も複雑になる。言い換えれば、実際に「少ない方が豊か（Less is More）」なのだ。余計な複雑化や肥大化は悪い影響を及ぼす。Pendoの最高製品責任者（CPO）であるブライアン・クロフツは、「プロダクトマネジメントの役割は、複雑さを排除することではなく、避けようのない複雑さが増していくのを遅らせることだ」と言っている。したがって、プロダクトマネジャーができる最善のことの1つは、使われていない、あるいは価値をもたらせていない機能の廃止だ。しかし、これにはユーザーの行動や感情に関する深いインサイトが必要である。インサイトに基づいて機能を廃止することは強力だが、インサイトなしに機能を廃止するのは危険だ。

まずはエンジニアリングチームと、廃止できそうな機能の候補について話し合うことから始めよう。時折、ある機能のコードがどうしても気に食わないので廃止したいと、エンジニアから相談を受けることがある。そのコードを触るたびに、きまりが悪く感じているのかもしれないし、そのコードを書いたエンジニアがすでにいないのかもしれない。また、そのコードのせいで意図しないことが起きやすかったりチームがそのコードを変更する際には見積もりを割増しないといけないくらい複雑なのかもしれない。しかし、最も重要なインサイトは、まだ利用しているユーザーから得られる。そういったユーザーや顧客を理解した上で計画を練り始めよう。

捨てることの美学

コードの削除は、プロダクトマネジャーとしてできる最も強力なことの1つだ。「少ない方が豊か」であり、エンジニアも喜んでくれるだろうし、顧客もそうだろう。

ソフトウェアを開発する上で直感的ではないことの1つは、人々が何かを取り除くことを自慢しないことだ。人は機能を追加することで報酬を得るのであって、削除することで報酬を得るわけではないというのだ。しかし、古い機能を維持することは、思った以上に時間とコストがかかるし、貴重なスペースとキャパシティを奪ってしまう。営業チームに古い機能を残す根拠を説明するよりも、さっさと削除してしまったほうがいい。価値のない機能は捨てるべきなのだ。

機能を捨てるテクニックには、以下のようなさまざまな方法がある。

ペインをテストする

実際にユーザーに機能を削除すべきかを尋ねると、必ず「いいえ」と答えられてしまうものだ。メトリクスを確認して、たとえそれが実際には使われていない機能であっても、人々は変化を好まない。1つの方法は、その機能を削除してみて、ユーザーがどれだけ悲鳴をあげるか見てみることだ。これは、分析と直感を結びつける、とても便利で面白い作戦だ。

Pendoがスタートアップだった頃、私たちはUI上にあるものを消し、何が起こるかを待っていたものだ。

しかし私たちは、利用状況を計測し、フィードバックを処理し、感情を分析できるようになったおかげで、もはや推測に頼る必要はない。ツールが、データに基づいた意思決定を支援してくれる。かつては、機能を消しても誰からも気づかれなかったり、苦情がこなければ、何も問題はなく安全だったのだと判断していた。これは極端な例かもしれないが、1つ機能がなくなったところで、顧客を失うことはないと信じていた。

機能を削除する際には、メトリクスが参考になる。例えば、ある機能が小さい企業のユーザーに人気がある一方で、大企業のユーザーにはまったく無視されているとしたら、それは何か貴重な情報を示している。もしあなたの目標が大企業を惹きつけることなら、これとは異なる機能を開発する必要があるだろう。

ビジョンの確認

削除する機能を検討する際には、それがプロダクトにとって過去のものなのか、未来のためのものなのかを考えてみてほしい。今後、より大企業を顧客ターゲットにするのであれば、小規模企業のユーザーが使っていた機能は削除する候補になるかもしれない。

もう1つのアプローチは、顧客に会話に参加してもらうことだ。「この機能についてどう思いますか？」というような質問はしないでほしい。代わりに、「もしこの機能がなかったら、代わりに何をしますか？」というような質問をしてみよう。ここでの目的は、顧客の課題をより深く理解することだ。その機能が実際にどのように顧客の課題を解決しているのかを通して理解を深めるのだ。

そして、その機能が削除されてもいいように、顧客の課題を解決する別の方法を顧客と一緒に考えられるだろう。例えば、代替案のスクリーンショットやモックアップを見せてもいいだろう。確かに、この方法は手間がかかるかもしれない。しかし、顧客にとってより良い解決策、つまり顧客にとってより良く、より早い解決策を提供することが理想である。

機能を削除する際のもう1つの目的は、顧客の共感を得ることだ。チームがその機能をサポートするのがどれだけ大変かを強調したり、バグを指摘したりするのもいいだろう。たとえそれが多少の再教育や新しい習慣を身に付ける必要があっても、最終的には、顧客の課題に対するより良いソリューションを開発しようとしているのだ。

書き換えの課題を克服する

ソフトウェアのコードの書き換えは、とても難しい作業だ。なぜか？「新しい」ものと、「古い」ものの機能が競合するからだ。チームが戦うことになる言葉は「同等性」だ。顧客や経営陣からは、新旧で同じ機能が実装されていることを期待されるだろう。長年にわたる組織的な決定や知識を再実装するという難題を、彼らが理解しているかどうかにかかわらずだ。多くの場合、コードの書き換えを担当するのは、その分野では新任のプロダクトマネジャーであり、元のプロダクトマネジャーはもうその企業にいないかもしれない。ユーザーに、古い機能からの脱却を促すことは困難なことだ。

技術系の起業家であるハーブ・コーディルは、ソフトウェアを書き換える際に企業が直面する課題について、詳細に述べている。コーディル氏は「Lessons from 6 Software Rewrite Stories（ソフトウェア書き換えの6つのストーリーからの教訓）」という記事の中で、企業が古いソフトウェアの書き換えを容易にするために利用してきた戦略を紹介している[82]。

コーディル氏は、技術系の起業家であるジョエル・スポルスキの有名な言葉を紹介している。「機能するアプリケーションは、決して、一から書くべきではない」というものだ。新プロダクトの開発には、時間と労力の両方のコストがかかる。既存プロダクトの改良に同じ時間とリソースを割くことができないため、競合他社に追いつくチャンスを与えてしまう。また、コードを書き換える際に、顧客にとって本当に無くなっては困るものを、省いてしまうリスクもある。

82 Herb Caudill, "Lessons from 6 Software Rewrite Stories," Medium, February 19, 2019; https://medium.com/@herbcaudill/lessons-from-6-software-rewrite-stories-635e4c8f7c22

コーディル氏は、コードを書き直さなければならない場合があることを認めている。特に、元のコードが原因でプロダクトを前進させることができない場合はなおさらだ。さらに「ソフトウェアの書き換えに関する従来の一般的な考え方では、何らかの理由でそれが本当に不可能な場合を除き、一般的には書き換えを避け、代わりに段階的な改善を行うべきだ」とも述べている。

しかし、もし書き換えを余儀なくされた場合、どのような選択肢があるだろうか。

コーディル氏は、シカゴに本社を置くプロジェクト管理ソフトウェア企業のBasecamp社[83]を一例として挙げている。Basecampは、すでに大人気だったプロダクトを、さらに改善するためのアイデアをたくさん持っていた。しかし、ユーザーはソフトウェアの変更によって仕事が中断されたくはなかった。その一方で、まだ追加していない機能のせいで、新規ユーザーの登録数が少ないというデータもあった。そこで彼らはソリューション全体を書き換えるのではなく、別の独立したプロダクト「Basecamp 2」を作ることを決めた。しかし、新プロダクトが旧プロダクトと同じ機能を持つ保証はしなかった。

では、どうやって既存顧客に売り込んだのだろうか。実は、売り込みはしなかったのだ。新プロダクトへの移行に興味のある顧客には移行を提案する一方で、旧プロダクトを存続させ、無期限のサポートを保証したのだ。興味深いことに、Basecampのチームは数年後の「Basecamp 3」でも同じことを行った。複数のバージョンのソフトウェアを維持するコストはかかるものの、チームにとってのプラス面は、自分たちが望むプロダクトを作れたことだ。加えて、コーディル氏が書いているように、「ユーザーにとっては、これは2つの世界の長所を兼ね備えている。つまり、変化を好まない人が不利益を被ることはなく、プロダクトの限界に直面している人は、新しく（願わくば）より考え抜かれたアプリケーションを選ぶことができる」。すべての企業が、このように新プロダクトを積極的に開発できるリソースを持っているわけではないが、可能な場合には大きなメリットがある。

83　https://basecamp.com/

2つ目の例は、中小規模の企業向けにオンライン請求書作成ソフトを提供しているFreshBooks[84]だ。技術者ではない起業家マイク・マクダーメントが立ち上げてヒットしたソフトウェアで、10年のうちに1,000万人以上のユーザーを獲得した。しかし、エンジニアたちは、「創業者コード」と呼ばれる、マクダーメント氏が初期にお金を払って作ってもらった古いコードに悩まされていた。ソフトウェアの作り直しは、特に金銭的な問題が絡む場合、非常に厄介な取り組みになる。そこでマクダーメント氏は、FreshBooksと関係していることを秘密にして、BillSpringというまったく別の企業を立ち上げた。そして、エンジニアリングチームに4カ月半の期間を与え、新しいソフトウェアの市場をテストするためのMVPを開発した。また、1年のうちにFreshBooksの顧客がアカウントを解約してBillSpringにサインアップすることを検証した上で、BillSpringがFreshBooksをアップグレードしたプロダクトであることを顧客に知らせ、顧客に移行の選択肢を提供したのである。

コーディル氏はこう説明する。「FreshBooksは、コードの書き換えによる潜在的な不利益から身を守るために、並々ならぬ努力をした。使い捨てられるブランドでイノベーションを起こすことで、開発者はまったく自由に物事を考え直し、より大きなリスクを取ることができた。このやり方は最悪の場合、また行き詰まることもあるだろうが、少なくとも既存のブランドを傷つけることはないのだ」。

しかし、並行してプロダクトを作ることが必ずしもうまくいくとは限らない。その一例がInbox for Googleだ。GoogleはGmailに代わるユーザーインターフェースとして、Gmailにはない新機能を搭載したInbox for Googleを発表した。ユーザーは必要に応じて2つのプロダクトを行き来することができた。最終的には、GoogleはInboxを廃止したが、本文中にファイルを差し込める機能などの、Inboxで人気のあった機能はGmailに組み込まれた。

コーディル氏がこのアプローチを気に入っているのは、混乱なく実験をすることを重視しているからだ。「Inboxは、Gmailチームにとって、Inboxに切り替えなかった大多数のユーザーのワークフローを混乱させることなく機

84 https://www.freshbooks.com/

能を試す機会になった」と書いている。それでも、GoogleがInboxを廃止したことで、GmailよりもInboxが気に入っていた人たちから多くの反発や批判を受けたのも事実だ。

しかしこの件は、プロダクトチームが現在のユーザーを完全に混乱させることなく、古い機能を廃止しながら新しい機能を導入するという、厄介な課題の解決方法の一例となっている。コーディル氏は学びとして、「現在のバージョンのプロダクトと、想像しうる最高のバージョンのプロダクトとの間に一定の距離があることが十分にわかったら、正しいアプローチは、ソフトウェアを新しいバージョンのものに置き換えるのではなく、今あるものを捨てずに、隣に新しいものを構築することだ」と書いている。

言い換えれば、未来のイノベーションのために、元のプロダクトで生み出した価値を必ずしも捨てる必要はないということである。

だからこそ、すべての人に新しいものを作る、というのは誤りなのだ。本当の目標は、まず、コンバージョンしやすそうな一部のユーザーのために新しい機能を作ることだ。そうすれば、次のもの、さらにその次のものへと進むことができ、最終的には新規顧客の波を生み出すことができる。そこに到達するには何年もかかるかもしれないが、それでいいのだ。

まとめ

プロダクトや機能の廃止について語るのは、最初は直観的ではないと感じるかもしれない。ほとんどのプロダクトマネジャーの心は開発者なのだから。プロダクトや機能の廃止は、より良い顧客体験を届けるための極めて重要な戦略になるのだ。昔から言われている「少ない方が豊か」という言葉は、プロダクトに関してもよく当てはまる。コードや機能を無視することは、プロダクトマネジメントを複雑にするだけでなく、顧客の体験を不明瞭なものにしてしまうという代償につながる。しかし、機能を削除する際には、推測や直感に頼るのではなく、ユーザーが実際に何をしているのかをデータで確認する必要がある。また、ユーザーがプロダクトに何を求めているかを真に理解することも同様だ。それが次に取り組むトピックだ。

CHAPTER 14 ユーザーが求めるもの

プロダクトリーダーの多くは、顧客との対話を最も重要な責務の１つと言うだろう。ソフトウェアプロダクトを成功させるには、顧客からのフィードバックが不可欠だ。プロダクトチームは、顧客の声を理解し、それをすべてのプロダクトに反映させるよう常に努力しなければならない。もちろん課題となるのは、適切な顧客にたどり着くことだ。

特に顧客との関係性がまだ作れていない場合は、フィードバックの提供を顧客に頼むのは難しいだろう。そのため、ほとんどのプロダクトマネジャーは、知らない顧客に声をかけるのではなく、すでに知っている顧客に声をかけることになる。この戦略の問題点は、最も声高に主張する顧客が必ずしも最も代表的な顧客ではないという点だ。珍しいユースケースや一歩進んだユースケースであるがために声高に主張している顧客は、実際にはフィードバックを求めるには不適切だろう。

最も質の高いフィードバックは、一般的に特定のユーザーのグループから得られるものだ。例えば、ある機能を改善する意見は、その機能を最も利用しているユーザーから聞くべきであり、オンボーディングプロセスに関するフィードバックは、そのプロダクトを初めて利用するユーザーから聞くべきだ。質の高いフィードバックを得るには、ユーザーの行動を把握した上で、ターゲットを絞った働きかけを行うことが鍵になる。

プロダクトリーダーとして、どのようにしてより良い代表的な顧客のフィードバックを集められるだろうか。それは、まず自分の居心地の良い場所から出て、顧客を正確に代表するユーザーを見つけることだ。そして次に、改善したいプロダクトの特定の部分に基づいて、顧客をセグメント化しターゲットを絞ることだろう。

企業が成長するにつれ、プロダクトチームは顧客のフィードバックを効果的に拡大し、管理し、そして整理しなければならない。デザインごと、機能ごと、プロダクトの更新ごとに、機能の定着状況と顧客からのフィードバックに基づいて評価しなければならない。そして、プロダクトの計画、優先順位、目標を調整し、次のアップデートの計画を立てるというサイクルを繰り返す必要がある。効果的なフィードバックプログラムは、顧客のエンゲージメントと満足度を直接的に向上させるため、非常に重要だ。しかし、唯一無二の完璧なフィードバック手法はない。

価値の高いユーザーテストの実施

顧客からのフィードバックを得る際に考慮すべき点は、テスト対象とするユーザーにも当てはまる。ユーザーテストは非常に価値があるので、プロダクトチームはできる限り頻繁に行うべきだ。ユーザーテストは、ユーザー体験に関する貴重なフィードバックになり、UI変更の影響を評価するのに役立つ。

ユーザビリティテストを行うには、質の高いユーザーテストの候補者の採用が不可欠だ。すべてのアプリケーションには「サイレントマジョリティ」と呼ばれるユーザーがいることを忘れないでほしい。ユーザーの全体像を把握するために、自分の視野に入っていないかもしれない最適な対象者を探そう。質の高い参加者を特定するためにプロダクトデータが使える。例えば、プロダクトに費やした時間、顧客歴の長さ、テストする機能に関連した機能を使用しているかどうかなどに基づいて、ユーザーを選定できる。また、ユーザーの部門や役割、契約プランも重要だ。募集を開始する前に、時間をかけて理想的なテスト対象者となるユーザーのプロフィールを作成してほしい。

プロダクトのテスターの募集

プロダクトのテスターを募集するには２つの方法がある。電話やメールなどの従来の方法もあるが、反応率が低い傾向にある。カスタマーアドバイザリーボード[85]やグループインタビューなどを利用すると、より良い結果が得られる。しかしインタビューの中で、主張の強い参加者の意見を聞いてしまい、あまり主張しない参加者からの貴重な意見を見逃してしまわないように注意してほしい。

アプリ内でプロダクトのテスターを募集するのは、より効果的な方法だ。この方法を使うと、プロダクト体験の一部としてシームレスにテスターのお願いすることができる。ただし、スパムメッセージのように顧客ベース全体を対象とするのではなく、プロダクトの利用データに基づいて対象とするユーザーを限定しよう。

ユーザーテストを開始する前に、どのようなタスクを含めるのか、また収集する必要のある主要なメトリクスは何なのかについて考えてほしい。既存のワークフローを置き換えることになるのか？　頻度の高いタスクと低いタスクのどちらを重視するのか？　鍵となる成果と目標は何か？　テストの順序はどうするか？　こういった点を明確にすることが、十分な準備となる。

１対１のインタビューを超えて

プロダクトのフィードバックに関しては、プロダクトマネジャーにとって、顧客や見込み顧客との１対１のインタビューほど信頼性の高いものはない。これは、新しい機能の提供と、既存の機能の改良のどちらのインサイトを得ようとしている場合でも同じだ。

特に、創業間もない企業のプロダクトマネジャーは、１対１のユーザーインタビューのテクニックに精通している。なぜなら、１対１のインタビュー

85　訳注：企業の主要な顧客で構成されるグループのこと。このグループを通じて、プロダクトや企業全般についての意見やフィードバックを集めることを目的する。

は、一般に彼らが持てる顧客インサイトの唯一の情報源だからだ。ほとんどのプロダクトは、適切な人たちとのプロダクトの初期におけるわずかな話し合いの中から生まれる。しかし、SaaSや企業のプロダクトマネジャー、特に積極的に規模を拡大している企業のプロダクトマネジャーにとって、フィードバックのすべてを１対１のインタビューに頼るのは現実的ではない。１対１のインタビューは、準備や運営に時間がかかる、データが古くなる、学んだことをプロダクトチーム全体で共有するのが難しいなどのよく知られたな問題もあるが、それ以上にモダンなプロダクトマネジャーのあり方の核心に迫るものだ。

アジャイル開発は動きが速く、プロダクトの優先順位は急速に変化する。そのため、チームが処理できているフィードバックの情報量よりも、常により多くのフィードバック必要としている。特にフリーミアム、BtoCアプリケーション、セルフサービスのプロダクトを担当するプロダクトマネジャーは、かつてないほどの数の顧客を抱えている。このため、プロダクトマネジャーは、従来よりも不均一な顧客層に絶えず対応することになっているのだ。

既存のフィードバック方法とのギャップ

モダンなプロダクトマネジャーは、１対１のインタビュー以外にも顧客からフィードバックを得るための方法を模索している。ここでは、顧客のニーズをしっかりと理解するために使われている新しいフィードバック戦略を紹介する。

1　アプリ内でのフィードバック調査や投票は、顧客に特定部分に焦点を当てた具体的な質問ができる。顧客がプロダクトを利用している際に調査を行うため、メールよりも高い回答率を得られる。
2　アンケートツールは、顧客からより詳細な情報を収集できる。質問がうまく書かれていれば、プロダクトマネジャーは、得られたデータを分析して、仮説の証明や反証だけでなく、新たなインサイトを得ることもできる。

3　NPSは、顧客がプロダクトをどれだけ気に入っているかを理解するための近道となる。スコアの変動は、コア機能の見直しのタイミングを示唆する。

4　カスタマーアドバイザリーボードは、プロダクトの支持者との長期的な関係を構築するためのもので、このメンバーはプロダクトチームと協力してプロダクトの未来をデザインする。また、アドボケイトを生み出すのにも最適だ。

5　スプレッドシートやその他のツールを臨機応変に使えば、営業やカスタマーサクセスなどの社内チームが、顧客から定期的に聞くプロダクトのフィードバックを共有することができる。

これらの活動を組み合わせることで、顧客の感情やニーズをより深く理解できる。例えばプロダクトマネジャーは、アプリ内のフィードバックから得られた知見をもとに緊急性の高い質問を含むアンケートを作成し、そのアンケートにNPSにおける批判者を誘導できるだろう。そこからのフィードバックの傾向を把握し、一部の批判者を推奨者（あるいは少なくとも中立者）に変えるアイデアを導き出し、顧客感情を全体的に高めることができるだろう。

プロダクトを改善するための手段としてフィードバックを真剣に受け止めることに努力を投じることで、プロダクトマネジャーは確かな優位性を築くことができる。しかし、いくつか認識しておくべき問題点があることも忘れてはならない。

・社内のチームは優れた直感を持っている。しかしプロダクトチームにとっては、「多くの人が○○を望んでいる」と言われたところで、誰がそれを求めていて、実際になんと言っているのかを理解できないことには納得できない。

・ユーザーは、十分なフィードバックをしないかもしれない。ユーザーは自分のフィードバックがどれだけ求められているのかを知らないし、またそのフィードバックがプロダクトの決定にどのように影響するのかを知らないためだ。

・チームがフィードバックを大袈裟なものにしてしまう（例えば、ユーザーに「10分かかるアンケートに答えてもらえませんか？」と尋ねる）。または、ユーザーがフィードバックに明らかな価値を見いだせない（例えば、「このアンケートに回答して何か得があるのか？」と考えてしまう）。

また、ユーザーがいとも簡単に機能を要望してくることも参考になる。しかし機能の要望は、解決方法を前提とした話になってしまっている。より価値のあるフィードバックは、ユーザーが解決したいと思っている問題や「Why」にある。そういった問題に対して、顧客が考えていなかった解決策をプロダクトチームが考えている可能性もある。また、その解決方法がユーザーが欲しいと言っているものをただ作るよりもずっと簡単な場合もあるだろう。

たとえプロダクトマネジャーがこのようなフィードバックの課題を克服できたとしても、多くの場合、データを適切に集約しなければならないという問題がある。プロダクトチームは、複数のスプレッドシートに書かれたフィードバックを管理したり、何千ものフィードバックの生データを整理して実用的なインサイトを見つけるのに苦労している。

次世代のフィードバック

こういった問題に対処するために、一部のプロダクトマネジャーは、NPSアンケートの回答、ベータ版の機能に関するフィードバック、プロダクトのギャップを埋めるための要望など、あらゆる定性的なフィードバックを1つのリポジトリ（格納場所）にまとめている。理想的には、こうした単一のリポジトリは以下のようになっている。

・顧客やカスタマーサクセスチームのメンバーがいつでもフィードバックを入力できる。
・チームがフィードバックを、特定のプロダクト領域、プロダクトギャップ、またはロードマップ項目にマッピングできる。

・追加の質問や状況の変更があった場合に、フィードバックを提供した人や社内のチームとのコミュニケーションを簡単に行うことができる。

単一の情報源としてのフィードバックデータベースを作るには、いくつかの方法がある。Salesforce、Airtable、Pendo、UserVoiceなどを用いる方法だ。これらのツールは、前述のような課題の多くを解決できる。価値の低い仕事を減らし、自動化するのに役立つ。ある調査によると、フィードバックデータベースを持たないプロダクトマネジャーは、組織内外からのフィードバックを整理するために、仕事の時間の約20〜25%を費やしているという。

このようなシステムがあれば、プロダクトマネジャーは、ユーザーの声を代表する信頼性の高いフィードバックの、包括的なデータベースを手に入れることができる。フィードバックが整理されていない状態では、企業はごく一部の顧客からのフィードバックしか活かせないだろう。こうしたアプローチでは、企業は50%以上の顧客からのフィードバックを整理できる可能性がある。

これらのフィードバックデータは、以下のように、プロダクト開発のすべての過程で役立つ。

・プロダクトロードマップ上の潜在的な問題を検討する際、どの問題が特定の顧客セグメントに最も影響を与えているかを容易に把握することができる。
・経営陣から出たアイデアを、既存のフィードバックを参考にして素早く検証できる。
・モックアップが作成された際には、関心のあるユーザーのデータベースとして、テストへの呼びかけに利用できる。

また、プロダクトチームは、フィードバックを総合的に分析して、「『顧客1』から最も多く発せられているフィードバックは何か」、「『機能A』ではなく『機能B』を選択した場合の潜在的な収益への影響は何か」などの質問に答えられる。これらのインサイトは、関連する顧客からのフィードバックの生データと結びついているので、プロダクトチームは、潜在的なソリューションを素早く掘り下げて検証できる。

熱心な企業ほど、熱心な顧客を生み出す

最後に（そしておそらく最も重要なことだが）、プロダクトマネジャーはより多くのカスタマーエバンジェリスト（啓蒙者）の育成に貢献する。私たちの経験では、企業がプロダクトのフィードバックにおけるコミュニケーションをきちんと決着できると、たとえそれが数カ月後であったり、プロダクトチームがそのフィードバックに対処しないと決定したとしても、顧客は大いに感心するものだ。いくつかの調査によると、顧客からのフィードバックに誠実に対応している企業はわずか５％だ。この明らかに低い期待値を上回ることにどれほど価値があることか、軽視しないでほしい。

機能要望の管理

プロダクト開発に携わった人ならわかると思うが、要望が途絶えることはない。常に新しいアイデアが絶え間なく入ってくる。また、構造化されていない多くの要望が、さまざまなチャネル（メール、ライブチャット、サポートチケットなど）を経由して届くため、プロダクトに計算し尽くされた決定を下すことは、一見不可能に思える。その結果、プロダクトリーダーの中には、ユーザーからのフィードバックを完全に無視してしまう人もいる。しかしこれでは、問題をすり替えているだけだ。

プロダクトリーダーが、湧き上がる小さな提案のすべてを精査することは必ずしも重要ではないが、プロダクト主導型企業ではいくつかの要望をマッチングして、それらの要望のうち密度の高いところに時間を投資する。入ってくる要望の選別を行う主担当者を１人（または複数）割り当てることをお勧めする。一般的にこの選別は迅速に行う必要がある。なぜならば、目標はユーザーに素早くフィードバックをすることだからだ。フィードバックされたものを作るよりも重要なのは、顧客との双方向コミュニケーションを作り

上げることだ。なぜなら、顧客は自らの声を聞いて欲しいのだ。かつてAtlassianには、機能要望に対して、お礼の言葉とともに、今後のロードマップの簡単な要約を見せる自動応答プログラムがあった。これによりユーザーの好感度が上がった。要望の実現を約束するものではないし、ロードマップにユーザーが検討しているアイデアは含まれていないかもしれないが、元々の要望以上に大きな価値をもたらすアイデアが含まれているかもしれない。

機能要望の優先順位付け

機能要望を分類して整理する際には、顧客と市場の両方の優先順位を考慮する必要がある。ユーザーに要望の重要度に重み付けしてもらうのも有効だ。ここでは、いくつかのテクニックを紹介する。

シンプルな投票：各ユーザーは希望する項目に好きなだけ投票する。
重み付け投票：各ユーザーが投票数の割り当てを持ち、異なるアイテムに相対的な価値を割り当てる。
ペアワイズ投票：ユーザーに2つのアイデアを提示し、どちらがより重要かを問う。

顧客からの要望を測る方法を以下にいくつか紹介する。

・顧客からの問い合わせ数
・ユーザーからの問い合わせ数
・問い合わせしている顧客、ユーザーからの収益の合計
・ユーザーに基づくスコアの合計

もちろん、これらの尺度は、パターンを理解し、インサイトを得るために、セグメント化やトレンド化をしたほうがよいだろう。

優先順位付けのアプローチは企業によって異なるが、プロダクト主導型組織に共通する原則は、フィードバックは一元化されるべきということだ。最

需要レポート　対応予定リクエスト　類似レポート

アプリのフィルタ ⌄　すべてのアプリ

訪問者のスマートリスト　CSVをダウンロード

これらの要望はアクティブで有料の訪問者に最大の価値を提供します。このリストの並び順は、顧客の重要度、フィードバックの件数や優先順位を用いています。

投票	タイトル	状態	スマートリストの価値
	事前のヘルスモニター	開発中	
	活動トラッキング	フィードバック募集中	
	パフォーマンス改善	計画済み	
	カメラ効果のパーソナライズ	計画済み	
	拡張現実	フィードバック募集中	
	通知制御	フィードバック募集中	
	写真共有	フィードバック募集中	

事前定義済みレポート　高度なレポート

訪問者のスマートリスト
訪問者の効果
内部ユーザーのスマートリスト
見込み顧客のスマートリスト
工数と価値の比較
訪問者の優先順位
訪問者の投票
高い価値
低い価値

図14.1　Pendoのフィードバックツール　出典：Pendo

初の目標は、すべての機能要望を保存する一元化されたシステムを作ることになるだろう。そうすれば、最も一般的で緊急性の高い機能要望を把握することがとても容易になる。結局のところ、プロダクトマネジメントの目的は最優先事項を決めることであり、そうした優先事項はプロダクト全体を横断して評価するのがベストだ。また、図14.1のようなツールを使えば、ユーザーやアカウントレベルで機能要望を分析し、作業の優先順位を決めるのに役立つパターンを特定できるようになるだろう。

機能要望をどのように管理するかにかかわらず、フィードバックを提供してくれた人との間で、必ずコミュニケーションをきちんと決着させよう。ユーザーの声を単に分析するだけでは不十分で、ユーザーの声が届いていることを、ユーザーに知ってもらわなければならない。

プロダクトの品質と効率の維持

受け取ったフィードバックの中には、プロダクトのバグを指摘するものもあるだろう。ほとんどのデジタルプロダクトチームにとって、バグは避けられないものであり、バグがあるからといってプロダクトが水準を満たしていないという意味ではない（逆にバグがゼロだからといって、必ずしもユーザーがプロダクトを気に入ってくれるとも限らない)。最も重要なことは、バグが発生するかどうかではなく、それにどう対処するかだ。一流のプロダクトリーダーは、バグを完全には防げないと認識している一方で、バグが発見され、しかるべき時に修正されることを確かなものにする。

プロダクトバグの計測方法

バグを迅速かつ効果的に対処するには、2つの方法がある。1つ目は、プロダクトのバグの機能別内訳を見ることだ(図14.2参照)。これにより、プロダクトの中で最もバグの多い部分を特定でき、その問題の解決のためにより多くのリソースを割くことができる。どのバグを優先的に修正するかを決定する際に、プロダクトの利用状況を考慮することも重要だ。より多くのユーザーにより良いプロダクト体験を提供するためには、あまり使われていない部分で発見されたバグよりも、よく使われている部分で発見されたバグを優先的に修正すべきだ。

2つ目は、報告されたバグの数と修正したバグの数の比較だ(図14.3参照)。これは、時系列グラフにできる。理想的には、バグが発生したらすぐに解決して、残存するバグ数がゼロになるようにする。しかし、残念ながら現実はそううまくいかない。だからこそ、報告されたバグと修正されたバグ、

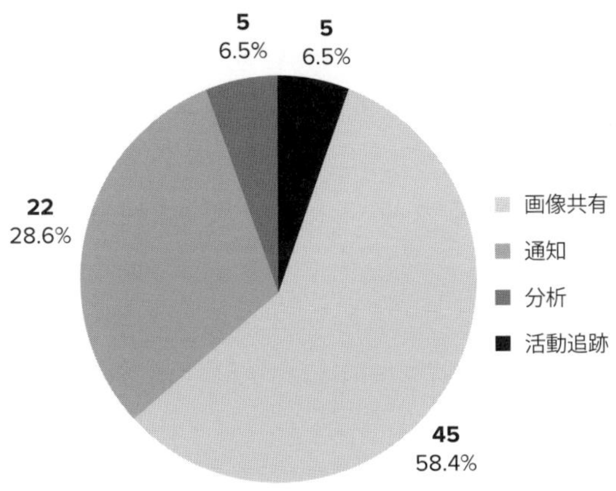

図14.2 プロダクトの機能別バグチャート　出典:Pendo

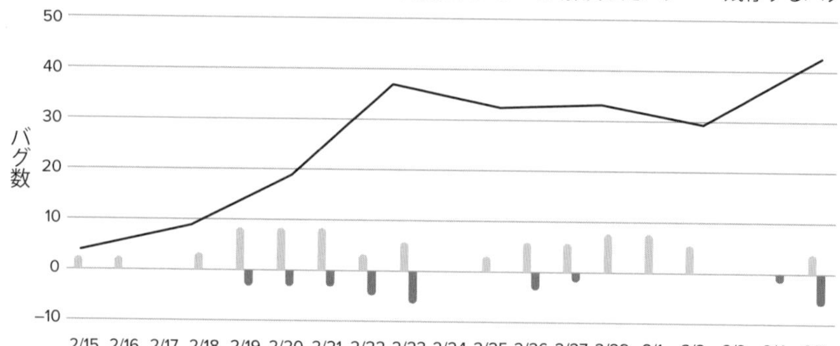

図14.3 | 時間経過によるバグ数の推移のグラフ 出典：Pendo

残存するバグ数を記録する必要がある。これらにより、プロダクトリーダーは、プロダクトの品質と効率をどれだけ維持できているかを評価できる。

バグは、プロダクトの全体的な品質を代理する尺度だ。プロダクトの品質が著しく低ければ、ユーザー体験やプロダクト全体の成功にも影響を与える。また、作っているものが新しくて興奮するようなものであっても、品質が低ければその革新性に影を落としてしまう。場合によっては、トヨタのリーン生産方式と継続的改善の手法を借りた「生産ラインの停止」を検討してもよいだろう。バグの修正に集中するために、新機能の開発を一時停止するのだ[86]。トヨタでは生産ラインで働く誰もが異常を発見したら生産ラインを停止できるのだ。誰しも、トヨタの工場のように、顧客が期待するプロダクトを確実に提供したいと考えるだろう。

プロダクトのパフォーマンスを計測する

今のオンデマンド、ワンクリックが当たり前の時代では、あらゆるものがオンラインで購入でき、数時間後には自宅のドアの前に届けられるようにな

86 Tommy Norman, "Stop the Line: How Lean Principles Safeguard Quality," LeanKit.com, October 26, 2016

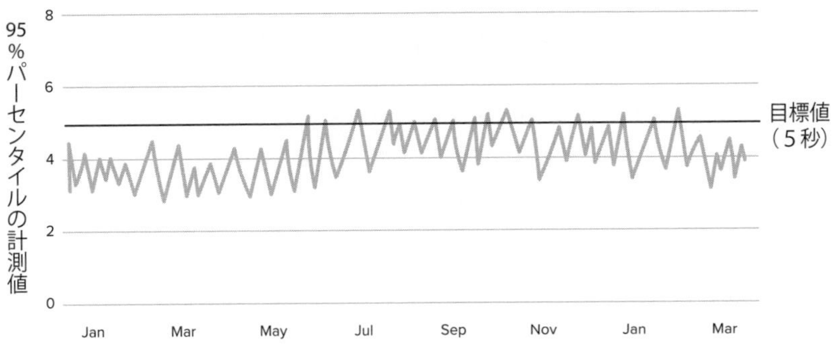

図14.4　時系列のプロダクトパフォーマンス　　出典：Pendo

っているため、ユーザーはプロダクトが当然のごとく機能した上で、速く動くことを期待するようになっている。このような期待はSaaSでは特に顕著で、遅いと思われているプロダクトはすぐに人気がなくなってしまう。たとえユーザーがプロダクトに価値を見出していたとしても、次の契約更新のサイクルで同様の体験を得ることができて、なおかつ速く動く競合他社に移ってしまうだろう。私自身のキャリアを振り返ると、「遅い」というフィードバックを繰り返し受け取ったものだ（私個人に限ったことではないと思うが）。

プロダクトのパフォーマンスをチームの最優先事項にするためには、プロダクトがユーザーの操作に対して、どれだけ速くレスポンスを返せるかという目標を設定する必要がある。許容できるパフォーマンス基準（例えば、5秒以内に返す）を決め、顧客の大部分、またはすべてのリクエストの大部分で、その基準を維持する責任を持つのがよいだろう。ただし、顧客の中には他よりも規模の大きい顧客もいるし、ユースケースの中にはより高度なものもあることを念頭に置いてほしい。つまり、顧客のユースケースや顧客属性に応じたパフォーマンス基準を設定することが重要だ。社内でパフォーマンス基準を設定したら、それに対して定期的に計測を行う。例として、図14.4は、5秒という目標をもった、仮想のプロダクトの時系列のパフォーマンスを表したものだ。

まとめ

プロダクトマネジャーが直面する永遠の課題の１つは、ユーザーとつながり、ユーザーのフィードバックを価値を生み出す行動に変えるための効果的な方法を見つけることだ。こうしたことを大規模に行おうとすると、さらに困難が待ち受けている。しかし、テストの実施、ボランティアやカスタマーアドバイザリーボードからのフィードバックの収集、機能要望管理の自動化など、さまざまなアプローチがあることは良い話だろう。いずれも顧客体験をプロダクトの中心に据えることが目的だ。この目標を達成するためのもう１つの要因は、次の章で説明するように、ダイナミックなロードマップの実践を取り入れることだ。このロードマップは、ユーザーやプロダクト主導型組織が、未来のどこに向かっているのかを知る助けとなるだろう。

CHAPTER 15 ダイナミックなロードマップ

すべての新しいプロジェクトやプロダクトは、まず計画から始まる。計画の中でもここではロードマップの話をする。私がこれまでのキャリアを通じて頼ってきたものだ。プロダクトチームが次に何を作るかを決定する際には、ビジネス戦略、市場データ、利用状況データ、顧客へのインタビューなどをもとに、プロダクトの改良点を検討する。機能のスコープを決め、優先順位を設定し、成功のメトリクスを定義するのだ。

プロダクトマネジャーの主な仕事の1つは、膨大な数の投資候補の中から、顧客とビジネスに最大の効果をもたらすものを絞り込むことだ。1つの組織が作りうる機能が100個あったとしても、ほとんどの企業は一握りの機能にしか投資することができない。それは、ほぼ不可能なトレードオフのように感じられるかもしれない。1つの賭けと別の賭けの違いが、顧客と企業にとって図り知れないほど大きく、しかも予見できない影響を生むことがある。まるでいちかばちかのギャンブルのように感じるかもしれない。

プロダクトロードマップが単なる文書ではないのはこうした理由のためだ。計画し、コミュニケーションをとり、組織を整合する強力なツールなのだ。プロダクトロードマップは、現在の優先順位に基づき、将来的に何が起こるかについてのプロダクトチームの計画を表している。また、プロダクトロー

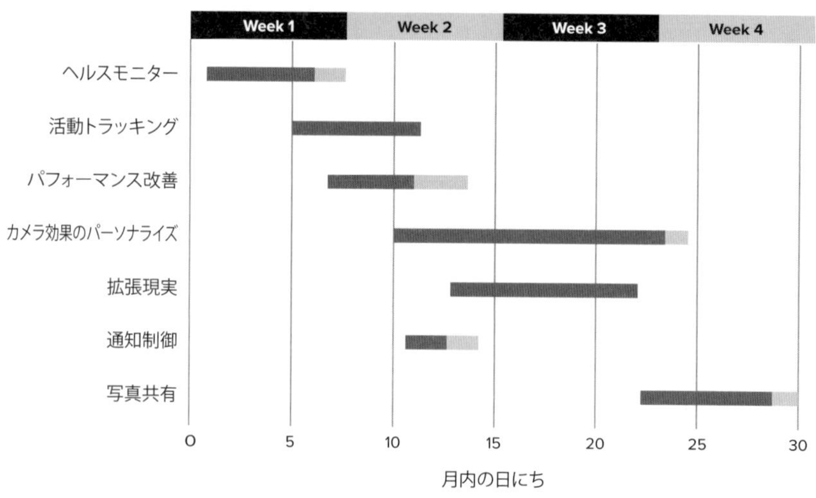

図15.1　ガントチャートのサンプル　　出典：Pendo

ドマップは（多くのケースで、強制的にランクづけしたバックログのテーマ別のビューとして）まとめられていて、プロダクトチームが現在の計画を共有するための有効な手段となる。免責事項のようだが、ロードマップには拘束力がなく、常に変更される可能性がある。

プロダクトマネジャーが検討すべきロードマップには、さまざまなスタイルがある。最も一般的なスタイルはガントチャートで、図15.1のサンプルにあるように、時間のブロックを左から右に積み重ねて描かれる。各ブロックはタスクであり、それらを積み重ねることで、どのタスクが互いに依存しているのか、あるいは何種類のタスクが並行して実行されているのかを可視化できる。チャートに表示される時間の範囲は、組織によって異なり、月、四半期、あるいは年単位で表わされる。

このような可視化が非常に効果的なのは、プロダクトチームがある時点で取り組むべき、最も重要なことが何であると考えているかを伝えることができるからだ。また、チームが、例えば10個など、能力以上にタスクを引き受けてしまっている状況も浮き彫りにする。こうした状況は、タスクのリストを絞って処理するのに比べて、うまくいくことはほとんどない。仕事を可視化することで、チームは最も重要な仕事に集中できる。

私が、最重要タスク、２番目、３番目……と誰もがこの順番で集中できるような、タスクの強制的なランク付けを好むのもそのためだ。

私がロードマップを作成する一番の理由は、社内外のステークホルダーにプロダクトの目的を伝え、その上でフィードバックを集めるのに効果的な方法だからだ。顧客からだけでなく、営業や顧客担当チームからもフィードバックを集め、プロダクトのビジョンに賛同してもらうための方法だ。企業がどこに向かっているのか理解してもらうことができる。

顧客とのコミュニケーションにおいても、ロードマップは生産的な会話を始めるための有効な手段となる。顧客にプロダクトに何を求めているのかを聞く場合、作りたいものを伝えてフィードバックをもらう場合とでは、まったく異なる反応になる。

またロードマップは、顧客と優先順位についてコミュニケーションをとる際にも役立つ。もしも、特定の機能の開発を先行させたい場合、他の機能の優先順位を下げなければならないかもしれない。特に、強制的にランク付けしたリストを使う場合は、トレードオフの検討を強いられる。私が学んだプロとしてのテクニックの１つは、物事が将来に先送りされるほど、機能が作られる可能性が低くなることを顧客に正直に伝えることだ。市場の変化に伴い、常に新しい優先事項が登場するからだ。

問題は、そもそもプロダクトチームがどのようにして鍵となる優先事項にたどり着くかだ。プロダクト主導型組織で働いている場合は特にそうだが、プロダクトマネジャーは情報に事欠かない。主張の強い顧客、経営者、販売者など、誰もが次に何を作るべきかについて意見を持ってる。課題は、これらすべてのフィードバックを分類して、本当に顧客価値をもたらすものに優先順位をつけることだ。これにはデータが必要になる。

データドリブンなプロダクトマネジャーは、ロードマップやバックログの優先順位付けにKPIや戦略上の目標を組み込んでいる。また、データを利用して、プロダクトを強化する機会を特定したり、優先順位付けの判断材料としたり、新機能や新プロダクトの浸透度や影響度を計測したりする。

しかし、まずはロードマップを作成するための適切なメトリクスを特定する必要があるだろう。

ビジョンと戦略から始める

バックログの機能に優先順位をつける前に、機能がビジネス全体の戦略やビジョンと整合しているかどうかを確認することが重要だ。大筋の目的がはっきりしていないと、何を作るべきかを効果的に優先順位付けするのは難しい。あなたが解決しようとしている市場の課題は何か？　対象となる顧客、その業界、ペルソナは誰か？　市場機会は何か？　どこに成長の最大の機会があるか？　これらは、機能レベルの議論を行う前に解決しなければならない鍵となる戦略上の問いだ。

最終的にプロダクトロードマップにつながる戦略を策定する際には、プロダクトのビジョンと原則、つまり「Why」を明確にすることが重要になる。プロダクトチームは、ロードマップの計画を始める前に、時間をかけてプロダクトのミッションを決定し、それをステークホルダーが理解できるようなシンプルな文章にまとめる必要がある。これには、プロダクトのビジョン、プロダクトが解決する問題、対象となる顧客、市場における価値などが含まれる。このプロセスを文書化することで、プロダクトマネジャーは、ロードマップに反映するべき鍵となる項目の多くを明確にできる。

経営陣は、プロダクトの開発とアップデートの計画を理解して同意する必要がある。なぜなら、経営陣は最終的にこれらの計画を承認する必要があるからだ。開発チームは、プロダクトを作る責任があるため、プロダクトチームがプロダクトに対して何を計画しているのか、またその「Why」を知る必要がある。営業、サービス、マーケティングの各チームも、プロダクトの市場開拓戦略を明確にするためにビジョンを知る必要がある。このような戦略を第一に据えたアプローチには、いくつかのメリットがある。

・プロダクトビジョンを全社に向けて明確に表現することで、プロダクトマネジャーが詳細な会話を始める前に、プロダクトチームとステークホルダーが同じ認識でいることを確かなものにできる。
・明確なプロダクトビジョンがあれば、プロダクトチームはプロダクトの優先順位を明確にすることができ、ビジョンにそぐわない項目やアイデアを除外できる。

プロダクトマネジャーはプロダクトビジョンから、プロダクトの目標を導き出すことで、ロードマップ上の取り組みに影響を与える。プロダクトの目標を考えることは、プロダクトマネジャーがプロダクト戦略を実行可能な計画に変換するためのステップだ。また、プロダクトの目標は組織ごとに異なる。プロダクトチームは、プロダクト特有であったり、企業に沿っていたり、あるいはより一般的な目標を立てることができるだろう。以下はそれらの事例である。

・魅力的な差別化
・顧客の喜び
・技術的改善
・プロダクト機能の維持
・顧客満足度の向上
・ライフタイムバリューの向上
・新サービスのアップセル
・解約率の低減
・地理的な拡大
・モバイルへの適応

これらの目標は一般的なものだが、通常は計測可能であり、メトリクスやKPIに結びつけることができる。このような目標は、プロダクトのステークホルダーから共感を得られるだろう。目標は多くの場合、長期的な取り組みになる。月ごとというよりは、例えば年ごとに見直されるだろう。これらのメトリクスは、プロダクトでの取り組みのベースラインとして、ロードマップの優先順位に反映するべきものだ。

適切な優先順位付け

効果的な優先順位付けは、プロダクトチームにとって継続的な課題となる。エンジニアのリソースは常に限られているので、プロダクトチームは提供するすべての機能で顧客価値を最大化することに集中しなければならない。本章では、ロードマップ上のどの項目が最も価値をもたらすかを、どのように知ることができるかという問題を取り上げてきた。

データドリブンで、プロダクト主導型のチームは、戦略上の目標との整合性はもちろん、優先順位を決定するための顧客の行動と情報の両方を考慮すべきである。例えば、オンライン教育企業のCoursera[87]は、ユーザーの行動を分析し、年に一度のユーザーカンファレンスに合わせてどの機能を構築するか優先順位付けをしていた。教育者側を担当するチームは、最もアクセスの多い、コースを作成するページを少しずつ更新していくことにした。大規模な変更ではなかったが、ユーザーにとっては大きな影響があり、ページの操作がより簡単で速くなった。

基本的には、プロダクトの既存の機能や、ある領域がどれだけ使われているかを理解することで、どこに追加の開発リソースを投入するかが決まる。ほとんど使われていない機能のアップデートを優先しても、大きな価値は得られないだろう。しかし、ある機能があまり使われていないのは、その機能が価値をもたらしていないからか、あるいは使いにくいからかもしれない。対象となる顧客からのフィードバックを分析に加えることで、観測された行動の背景にある理由を特定し、機能の優先順位をさらに洗練できる。

純然たる新プロダクトや新機能の場合、過去の顧客の行動だけに頼って優先順位を決定することは難しいかもしれない。このような場合、プロダクトチームは、ビジョンや戦略との整合性をより重視する必要がある。ここで鍵となるのは、次のような質問だ。この機能は、次善の選択肢よりも自社の戦略上の目標に適したものなのか？　また、そのことをどのように計測するのか？　どのような優先順位付けの意思決定であっても、ある程度は「最善の

87 https://www.coursera.org/

推測」であると言えるが、データはそうした決定に情報を与えるものだ。また、機能やプロダクトが構築された後に、その決定を評価するためにもデータを活用する必要がある。

ロードマップの各項目に具体的なメトリクスを割り当てる

プロダクトへの投資は、その価値を評価できなければ、プロダクトロードマップに載せることはできない。プロダクトチームは、優先順位をつけた各機能に、ビジネス目標（例えば収益）と定着・利用状況の目標の両方を割り当てるようにすべきだ。

収益、解約率、コンバージョン率などのビジネス指標は、プロダクトチームが達成したいと考えている目標に対応する、より高いレベルの成果を表している。顧客志向のメトリクスや利用状況のメトリクスは、ユーザーの行動や感情を具体的に示す指標で、ビジネス上の成果の先行指標となる。ロードマップ内の取り組みは、ビジネスとユーザーの利用の両方に関する具体的な目標と関連付ける必要がある。

インパクトを測る

機能のインパクトを理解するためには、ロードマップの各機能にベースラインとなるKPIを関連付ける必要がある。KPIには、利用状況（例：この機能は30日以内にX%のユーザーに使用される）、ユーザビリティと顧客満足度（例：これらのUI変更はサポートへの問い合わせをX%減少させる）、または特定の財務指標（例：20の追加アカウントを有料顧客に移行させる）などがある。KPIは事前に設定し、ロードマップ自体に統合しておく必要がある。そうすれば、計測をサポートするために必要な開発が機能の一部として計画され、また、プロダクトチームがどのように成功を計測しているかも組織に理解してもらうことができる。

優先順位の伝達

ほとんどのアジャイルなプロダクト開発組織では、バックログには短期的なプロダクト機能を定義している。このバックログを通じて、開発チームは少なくとも今後数回のスプリントやイテレーションで、何に取り組むのかを把握することができる。

しかし、バックログ自体はロードマップではない。プロダクトロードマップは、プロダクトが中長期的にどこへ向かうのかという戦略的な視点を示すものだ。ロードマップは、組織のビジョンや戦略的な目標と結びついており、多くの場合、12カ月以上先の期間を対象とする。アジャイルな組織では、ロードマップは厳格なプロジェクト計画ではなく、組織のガイドとなる。

ロードマップには、全体像を組織に伝える役割がある。市場を拡大し、競争に対処し、顧客価値を創造するための取り組みである。そうした大局的な考え方は、バックログからは取り出せない。特に、イテレーションやスプリントといった言葉を知らない役員やその他のステークホルダーには、200項目ものリストで戦略を伝えるのは困難だ。

ロードマップの目的は、開発の優先順位を整理して示すことにある。図示された優先順位の背後にある理由を伝えることができて初めて、コミュニケーションツールとして有効なものになる。効果的なプロダクトチームは、ロードマップのドキュメントに目標とメトリクスを組み込めば、「Why」の説明に役立つことを知っている。また、結果に対するチームの責任も示す。しかし、このような説明や根拠がないままロードマップが共有されていることが多々ある。もし詳細を記載できないのであれば、プロダクトリーダーは、組織の他のメンバーやステークホルダーと取り組む項目や優先順位について話し合うまで、ロードマップの共有を避けるべきだ。

ロードマップの危険な点は、計画プロセスに参加していないエンジニアにある種の誓いをさせるかのように発表されてしまうことだ。プロダクトマネジャーがロードマップのパワーポイントを見せているときに、それを聞いているエンジニアが「自分たちは何も約束していない」とうろたえている会議に参加したことがある。ロードマップは、仕事を達成するために関係者全員

優先順位	チーム	ロードマップのアイテム	Fcst	S45	S46	S47	S48
1	A	ヘルスモニター		71%	222%	514%	225%
2	B	活動トラッキング		56%	110%	100%	1335%
3	B	パフォーマンス改善					
5	C	カメラ効果のパーソナライズ		36%	100%	100%	109%
6	D	拡張現実		58%	91%	132%	127%
7	E	通知制御		122%	182%	108%	121%
8	E	写真共有					

図15.2 ｜ ある時点のプロダクトロードマップ　出典：Pendo

が協調し、集中できて初めて効果的なものとなる。

プロダクトデリバリーの予測可能性を測る方法

強力なプロダクトリーダーは、ユーザーがどのように行動するかを予測できることに加えて、チームがどのようにパフォーマンスを発揮するかを予測することができる。予測可能性がなければ、プロダクトリーダーは、チームが信頼できないようなロードマップを発表してしまうリスクがある。

もちろん、ロードマップを公開する理由の１つは、チーム内に説明責任の意識を持ってもらい、関連する部門、特に研究開発部門との整合を図ることにある。だからこそ、ロードマップでは、アート（経験に基づく見込み）とサイエンス（データが示す確からしさ）を融合し、現実的な未来像を描くことが不可欠なのだ。

プロダクトリーダーたちから聞いたシナリオを紹介しよう。役員チームは、プロダクトロードマップのダッシュボードを２週間ごとに確認している（２週間のスプリントサイクルを想定)。プロダクトチームは、完成したストーリーポイント数と、プロダクトチームが最初にコミットしたストーリーポイント数との割合を取ることで、予測可能性を計測する。その割合の結果によって、ロードマップアイテムごとに、チームが予定よりも遅れているのか、予定通りなのか、予定よりも進んでいるのかがわかる。プロダクトリーダーとしては、このような知見をもとに、より多くの情報を盛り込んだ、大きな自信を持てるロードマップを作成できるだろう。

ロードマップはダイナミックである

ロードマップに「完成」はない。要素は常に変化する。ロードマップはアジャイルであるべきで、固定された計画ではなく、生きたドキュメントとして扱うべきだ。プロダクトチームは、新たな情報に基づいて、定期的にロードマップを見直し、議論し、優先順位を付け直すべきだ。つまり、ロードマップの議論は、フィードバックを得るための機会なのだ。そのフィードバックは必ずしも実行可能なものではなく、優先順位を変えるものではないかもしれないが、自分が作っているものが市場や顧客にどのように受け止められているかを知るための重要な手段となる。

ロードマップは必然的に変更されるので、ロードマップは約束ではないという期待値をステークホルダーに持ってもらうことも重要だ。多くの場合、ロードマップの日付を月や四半期単位にしたり、日付を完全に削除したりして、特定の日までに機能が提供されるという期待を抱かせないようにしている。

プロダクトマネジャーは、プロダクトがどこに向かっているのかを定期的に伝えることで、全員が同じ認識を持てるようにする必要がある。特に最終的な決定を下したり、予算を管理したり、企業の方向性に影響を与えたりするステークホルダーに伝えよう。それゆえに、アジャイルなプロダクトロードマップは、ステークホルダーが理解でき、バックログを見通せるような、視覚的で分かりやすいドキュメントでなければならない。

ロードマップの要点

ロードマップにおいて、あまり語られない側面として、プロダクトがリリースされたら、チームはそのプロダクトをロードマップから削除しても良い、と言う考えがある。言い換えれば、ガントチャート上のプロダクトのリリースというタスクが完了さえすれば、自由になって他の作業に移れる、ということだ。しかし、もしリリースしたプロダクトが顧客の期待に応えられなかったら？　あるいは、最初に設定した戦略的なビジネスケースに対応していないとしたら？　いずれにしても、そのプロダクトの作業が終わったとは言えない。実際に顧客やビジネスの期待に応えるまで、プロダクトを作り続ける必要がある。だからこそ、ロードマップには成果を計測するためのタスクと、時間を盛り込む必要がある。期待通りの結果が得られたのか、プロダクトが顧客が期待した通りの効果をもたらしたのかを判断する必要があるのだ。

このことは、ロードマップを常に最新の状態に保つことの重要性を物語っている。物事は常に変化する。変化に対応し続けるには、最新のロードマップを持つことが極めて重要だ。

私がこれまでのキャリアで学んだことの１つは、ロードマップに感情的に入り込みすぎてはいけないということだ。プロダクトチームが時間とエネルギーを費やして自分たちが信じるロードマップを作成しても、結局のところ求めているのは承認のはんこであることがよくある。顧客から反発を受けると、ロードマップの変更に抵抗を感じるようになる。ロードマップが「完璧」だと思っているので、変更したくないのだ。言い換えれば、固定観念にとらわれて、新たなチャンスを逃してしまうのだ。

例えば、ある顧客が「大金を払うから優先順位を上げてほしい」と要望を出した場合、ロードマップに固執して断るべきだろうか、それとも「良いフィードバックだ」と考えて作業を進めるべきだろうか。これは、誰かが自分の欲しい機能にお金を使って投票してくれるケースであり、ただ意見を言うだけの人よりもはるかに価値があるかもしれない。なので、ロードマップの変更は、時には良いことかもしれず、受け入れうることだとわかるだろう。

ロードマップに関してよく聞くもう１つの質問は、ロードマップをWeb

ページやWikiなどで公開するかどうかだ。エンジニアが計画にコミットした後、誰でも見られるようにロードマップを公開したことがある。しかし、アーキテクチャの大きな変更をした結果、そのリリースはうまくいかなかった。失敗だったのだ。しかし、実現できないロードマップに基づいて期待していたため、私たちは行き詰まった。これは危険な状態だ。確かに、「開発」は完璧な科学ではない。技術は変わるし、人間はミスをする。世の中のすべてのユースケースを考慮することは不可能だ。だからこそ、ロードマップを公開する場合は慎重になるべきだ。

しかし、シナリオによっては、選択の余地がない場合もあるだろう。オープンソースの世界では、ロードマップを公開する傾向がある。コミュニティは、そういった透明性を評価し期待もしている。もしそのような世界で活動している、あるいは競合しているのであれば、ロードマップを共有せざるを得ないかもしれない。しかし、もしロードマップを公開するのであれば、その計画に対して実行できる自信があるかどうかを確認してほしい。例えば、ある企業は自分たちが市場で遅れていることを知っていて、追いつくための計画があることを証明したいがために、ロードマップを公開するかもしれない。一方で、3カ月後以降の優先順位がはっきりしないため、ロードマップを非公開にしたいと考える企業もあるだろう。

また、ロードマップで何を共有するかは、対象者によっても異なる。企業の取締役会は、企業の方向性を理解するためにロードマップを見たがるものだ。しかし、取締役会は、顧客が関心を持つようなレベルの機能の粒度や詳細を知る必要はない。取締役会は、将来的に計画されているマクロ的な変化に関心がある。他のコミュニケーションツールと同様に、対象者を知り、その人たちに最も適した方法でロードマップを作成する必要がある。

ロードマップを伝える上での根本的な課題の1つは、粒度だ。対象者によって求められる詳細レベルは異なる。多くの顧客やユーザーが知りたいのは、単に「自分の要望を実現してくれるのか」であり、それはごく小さな機能かもしれない。一方、取締役会は、戦略や投資を反映した大規模な取り組みを重視する。すべての人のための単一のロードマップを作成しようとするのではなく、異なる対象者のために複数のバージョンのロードマップを用意することがベストである。

一般的に言って、ロードマップの共有に関しては、Eメールを使うのはあまり良いやり方ではない。先にも述べたように、ロードマップの重要な役割は、コミュニケーションを図り、会話を通じてフィードバックを収集することである。そこで本当の魔法が起きる。こうしたことをEメールで実現するのは難しいだろう。だからこそ、ロードマップをプレゼンテーションの場で共有したいと思う。討論の場を作りだし、リアルタイムで不満や批評を聞くことができる。そのダイナミックさが、より良いコミュニケーション、そしてより良いプロダクトの原動力となるのだ。

まとめ

プロダクトマネジャーの最も重要な仕事の1つは、プロダクトの将来像を描くことだ。その仕事を具体化したものが、組織のプロダクトロードマップだ。これは、企業と顧客が将来進みたい方向を示すものだ。ロードマップは、すべての人が目指す全体像だ。しかし、データに基づいたダイナミックなロードマップの作成は、外部のステークホルダーを整合するだけではなく、組織内のチームを共通のビジョンのもとに集結させるのだ。だからこそ、プロダクトマネジャーは、組織全体の賛同を得ることが重要となる。また、ロードマップの作成には完成はなく、終わりもないことも忘れてはならない。ここで、最終章のテーマであるプロダクトオペレーション（プロダクトOps）の台頭と、プロダクト主導型企業における新たなプロダクトチームを構成する話につながる。プロダクトオペレーションチームは、企業が顧客に最高の体験をもたらす手助けとなる。

CHAPTER 16

モダンなプロダクトチームを作る

プロダクトマネジャーの多くは、「権威ではなく影響力でリードする」という言葉を意識している。しかし、多くのプロダクトマネジャーはこの言葉が何を意味し、組織内でどのようにすればよいのか、ほとんど知らないまま職務に就いている。Pendo が何百人ものプロダクトリーダーを対象に行った調査で、明確なテーマが浮かび上がってきた。それは、組織内のさまざまな利害関係者と強力な整合を築けるプロダクトチームが、最も成功するプロダクトと企業を生み出すということだ。

本書の2つ目のセクションでは、プロダクトをカスタマー体験の中心に据える方法を説明した。そのためには、プロダクトチームが組織全体に影響力を持ち、組織を整合する必要がある。モダンなプロダクトチームは、自分たちをプロダクト主導型企業のオーケストレーターとして捉え、各部門がプロダクトを活用してより良い顧客体験を提供できるよう支援する必要がある。

プロダクトマネジャーは影響力でリードする

プロダクトマネジャーが直属の部下を持つ立場になることは非常に稀だ。プロダクトマネジャーは、誰がボーナスをもらい、昇給し、昇進するのかといった財布の紐を握らない。またプロダクトマネジャーは、自分の仕事を遂行するために頼っている人たちの年次評価を行うこともない。むしろ、プロダクトマネジャーは真に純粋な意味でのリーダーシップを発揮しなければならない。そして、プロダクトマネジャーをフォローするように人々を鼓舞し、ベストだと思う決断をするように人々を導き、また、異なる視点を整合しなければならない。全員が同じ目標に向かう必要があるのだ。

影響力でリードすることは、真に優れたプロダクトマネジャーの決定的な特徴だ。頑固者や乱暴者になることなく、自分の取り組みを周囲に支持してもらうことだ。残念ながら、このスキルは、ほとんどの大学や大学院のプログラムでは教えられていない。プロダクトマネジメントの認定資格の講座でさえも教えられていない。これは時間をかけて開発されるスキルであり、多くの場合、新米プロダクトマネジャーが、ほとんど何の指導も受けずに深みにはまり、試行錯誤しながら獲得するものだ。このような学習方法には良い面も悪い面もある。ひとたびスキルを身につければ、プロダクトマネジャーはマネジャーではなく、真のリーダーとなる。マイナス面は、効果が現れるまでに数週間から数カ月かかるため、自分のやり方が正しいかどうかを知るのが難しいことだ。自分の努力がチームを間違った方向に向かわせていたり、チームの邪魔になっていたとしても、すぐには修正できないかもしれない。なぜなら、列車が間違った線路の上を進んでいることは、間違った駅に到着するまでわからないことが多いからだ。

プロダクトマネジメントとは、権威ではなく影響力でリードすることで、市場やプロダクトを理解するのと同様に、人を理解することが重要な仕事である。これは、相互の信頼と尊敬に基づいた関係性、つまり最も困難な時期を乗り越える関係性を確立し、それを維持する訓練になる。緊急時に船を立て直し、ビジョンへと繋がる北極星に向かって航海を続ける必要があるのだ。プロダクトマネジャーは、おそらく組織内の他のどの役割よりも、自分自身の仕事の功績だけでなく、他の人に影響を与え、モチベーションを高める能力によって成功するか失敗するかが決まる。

プロダクトマネジャーの役割を形作るのは、顧客体験への期待の高まり、プロダクト利用状況データの可用性の向上、そして何よりもプロダクト主導型企業の競合他社に対する圧倒的な優位性である。これらを考えてみると、組織全体をプロダクトを中心に配置するために、プロダクトマネジャーに助けが必要なのは明らかだ。そこで、プロダクト主導型組織での重要性が増している「プロダクトOps」という役割が登場する。

プロダクトOpsの台頭

プロダクトオペレーション（プロダクトOps）という概念は、必ずしも新しいものではないが、一般的とも言えない。そして実際に、この役割を担う人がいることよりも、プロダクトチームでこうした仕事が確実に行われることが重要だ。今のところ、この仕事はある人の仕事の10分の１、別の人の仕事の５分の１ほどの時間が割かれている、といったところだろうか。プロダクトOpsは、成功するプロダクトチームの運営に必要な重要事項にオーナーシップを持つ役割と人を特定することに焦点を当てる。規模を拡大しているテクノロジー企業にとっては、成長を成し遂げることができるか、成長の痛みが増してしまうかの分かれ目になる。それは（営業オペレーションにおける徹底的な効率性を研究開発部門に応用するという意味で）斬新であると同時に、実は身近なものでもある（成功している企業でオペレーション機能を持たない企業はないだろう）。

プロダクトOpsは、マーケティングオペレーション（Marketing Ops）や営業オペレーション（Sales Ops）、あるいはそれらを統合したレベニューオペレーション（RevOps）ほど、頻繁に耳にすることはないだろう。また、DevOpsについても、テクノロジー業界では広く行き渡っている。しかし、こうした流れは変わるだろうと考えている。プロダクトOpsは、すでに一般的になった上記の先行する考え方と同等に受け入れられるだろう。

プロダクトOpsは、プロダクト、エンジニアリング、カスタマーサクセス

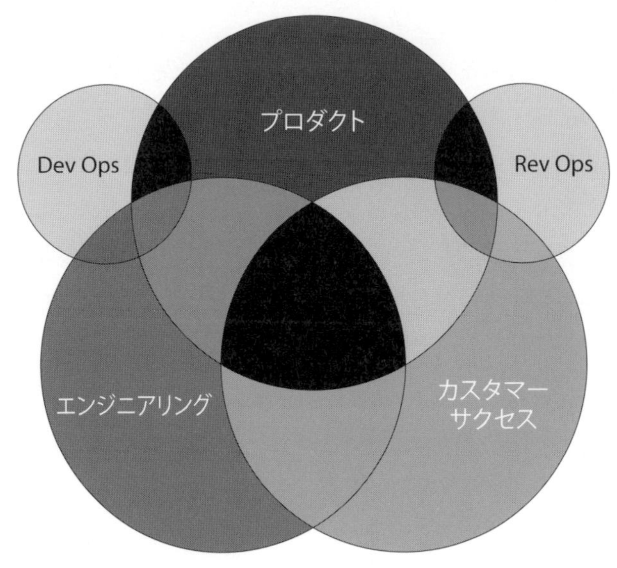

図16.1 オペレーションのグラフィック　　出典：Pendo

が交わるところに存在する。プロダクトのフィードバックループを強化し、プロダクトの開発とローンチを体系化し、プロダクトに関する知識を全社的に拡大するために、研究開発チームと市場開拓に関連するチームをサポートすることを目指している。明確な役割としてプロダクトOpsが置かれる場合、一般的にはプロダクトマネジメントチームに所属するか、プロダクト責任者をレポートラインとする隣接した部門に所属する。

企業によっては、プロダクトOpsを１つの役割として採用すべきと考えるかもしれない。一方で、プロダクトの専門家であれば誰でも磨ける（磨くべき）スキルセットであると考える企業もあるだろう。私はその両方だと考えている。プロダクト主導型組織では、プロダクトOpsに責任を持つ人を決めるべきで、同時にプロダクトチームのメンバー全員がオペレーションの考え方を身につけるべきだ。

Pendo が毎年実施しているプロダクトマネジャーを対象とした調査によると、半数以上のプロダクトチームが、専門のプロダクトオペレーション機能を持っている。より良いプロダクトの意思決定をサポートするためにデータを管理し、社内外のローンチやコミュニケーションを調整し、プロダクト内でユーザーへの適切なメッセージや体験を統合するためだ。また、プロダクトチームの52%がこうした機能をすでに構築しており、さらに19%がこうした機能の構築を計画している。また、プロダクトOpsを共有の責任としてチームに残しておくことを期待しているチームは30%にも満たない。おそらく驚きはないだろうが、データからは独立したプロダクトOps部門の存在と、企業規模に強い相関関係があることが示されている。売上高10億ドル以上の企業の96%がプロダクトOpsの専任リソースの存在を報告しているのに対し、売上高2,500万ドル未満の企業の場合はわずか17%だ。調査によると、プロダクト主導型企業の利益率は同業他社を527%上回っており、プロダクト主導型企業は、プロダクトOpsのリーダーもしくは、プロダクトOpsチーム全体を雇っている可能性が非常に高いことが明らかになっている。

ここでは、プロダクトOpsチームが実現する各機能について見ていこう。「最適化」、「整合（アラインメント）」、「フィードバックループ」、「インフラとレポート」だ。

最適化

hansel.io[88]の創業者兼CEOであるヴァルン・ラママーシー・ディナカーは、プロダクトOpsの価値をオーディオマニアの言葉で表現した。ボリュームノブがプロダクトであるのに対し、イコライザーの設定がプロダクトOps機能であると言う。プロダクトOpsは、理想的なプロダクト体験を実現するために必要な「微調整や設定」、つまり「最適化」に影響を与える。

プロダクト体験を最適化するために、プロダクトOpsは顧客のフィードバックを収集し、構造化し、伝える責任を負う。顧客のフィードバックは、プロダクトを通じて直接寄せられたものもあれば、サポートチケットや営業やアカウントマネジャーとの会話を通じて間接的に寄せられたものもある。フィードバックがバラバラになっていると、たとえ企業が高い品質のプロダクトを作っていたとしても、正しいプロダクトを作っていない可能性が高くなる。

---

88 https://hansel.io/

Pendoが毎年実施しているプロダクトマネジャー調査（本書でも言及してきた）では、プロダクトOpsのリソースを持つ企業のプロダクトマネジャーの70%が、フィードバックの収集とステークホルダーへの報告を成功裏に実施できていると回答した。一方で、プロダクトOpsを持たない企業ではその成功率が45%にまで低下する。プロダクトOpsは、プロダクトチームと顧客をより密接に結びつけるのだ。そのため、この専門的な役割を担う人材を採用する際には、「顧客中心主義」が必要不可欠な特性となる。

プロダクトOpsは、プロダクトチームが新プロダクトや新機能をリリースする際の「ヒット率」を高めるのにも役立つ。プロダクトの利用状況やフィードバックのデータを保有し、それを営業やマーケティングのデータベースにある顧客データと融合することで、プロダクトOpsは、ローンチ担当のチームがロールアウト戦略に関してより賢明な判断が下せるように手助けする。また、どのような顧客プロファイルがベータテスターに適しているかをアドバイスし、誰がアーリーアダプターになる可能性が最も高いかを見極めることもできる。さらにはどのような顧客コホートが新プロダクトのアドボケイトになる可能性があるかを見つけ出すことができる。このようにして、プロダクトOpsは、企業の成功確率を高めるのだ。

同じことが、逆の問題、つまり機能の廃止についても言える。プロダクトチームは、機能の早期廃止や正しくなかった機能の廃止に伴う、不測の事態について懸念を持つものだ。こういった時に起こる誤りとして、プロダクトの利用状況、ユーザーの満足度、さらには顧客の契約更新にまで大きな悪影響が及ぶ可能性がある。結果として、廃止すべき機能が残ってしまい、機能の肥大化を招き、最終的にはプロダクト体験全体を損なうことになる。データに焦点を当てるプロダクトOpsのリーダーは、どの機能が価値を提供し、どの機能が摩擦を引き起こし、どの機能が満足度に相関し、どの機能が顧客の幸福度を低下させるのかについてプロダクトマネジャーが理解できるようにする。プロダクトOpsは、プロダクトマネジャーが新機能をローンチする際に正しい判断を下すのを手助けできるのと同時に、機能の廃止を行う際に間違った判断をしないように手助けもできるだろう。

最終的な成果は、プロダクト体験から摩擦を取り除きながら、ユーザーにより多くの価値を提供する、より良いプロダクトだ。

整合（アライメント）

「チーム間の結合組織細胞」

Stripe社のプロダクトオペレーション責任者であるブレイク・サミックは、プロダクトOpsが部門を越えた整合に与える影響について、上記のように述べている。

レベニューOpsが広範な市場開拓チームの中心に位置しているように、プロダクトOpsは、プロダクト、エンジニアリング、カスタマーサクセス、さらにはDevOpsや、レベニューOpsといった隣接するオペレーション部門の結合点となる。

このように多くのビジネス部門の中間に位置するプロダクトOpsは、部署間の整合やコミュニケーションに大きな価値を加えることができる。プロダクトOpsは、オペレーション担当の橋渡しとなるのだ。プロダクトの利用状況、フィードバック、NPSなどのデータを営業、マーケティング、財務のデータを使って補強し、経営陣にタイムリーにこれまで未知だったインサイトを提供する。プロダクトOpsマネジャーは、エンジニアリングチームが自分たちの作っているものの背後にある「Why」を確実に理解することも助ける。また、カスタマーサクセスチームのストーリーをプロダクトチームに伝え、顧客の生の声を用いてデータを充実させることができる。

各ビジネスラインと整合することで、プロダクトOps部門はプロダクト開発プロセスの初期段階でビジネスニーズを把握することができる。さらにこのことは、将来のリリースを計画する際に、成功確率をあげることにもつながる。

プロダクトOpsチームが、部署をこえてコミュニケーションを取る際に、多くの場合、各部署へデータの提供を行う。その部署のパフォーマンス向上に役立つデータを提供するのだ。例えばマーケティングチームに、次のプロダクトを受け入れる可能性の高い顧客コホートを理解するためのデータを提供したり、プロダクトチームに購買者に対する理解を深めるためのデータや体験談を共有する。プロダクトOpsのリソースに投資してきた企業は、好循環による利益を享受している。プロダクトOps機能を持つ企業は、プロダクトOps機能を持たない企業より研究開発部門と市場開拓部門との間でより明確なコミュニケーションとコラボレーションを実現している（プロダクトOps機能を持つ企業の70%がこうしたコラボレーションに満足しており、持たない企業は37%となっている）。

プロダクトOpsは、社内の他の部門とどのように整合できるだろうか？以下のような可能性があるだろう。

- RevOpsと連携して、プロダクトデータを、トライアルからのコンバージョンや顧客の契約更新、拡大などのビジネスの健全性を示すメトリクスに確実に組み込むようにする。
- カスタマーサクセスと連携して、利用状況データ、機能要望、感情スコアをサポートチケットや第一線での電話体験と融合し、より完全な顧客像を描く。
- こうした「顧客の全体像」を営業やマーケティングに伝え、ペルソナの定義に磨きをかけることで、成功する可能性の高い顧客タイプを追求できるようにする。
- QAチームと協力してパフォーマンス体験メトリクスを定義し、プロダクト体験に関する成功をさらにより良く計測する。

フィードバックループ

前述の整合の節で述べたように、プロダクトOpsは隣接する部門とデータや情報を交換する責務がある。さらに、プロダクトチームと顧客との間のフィードバックループにも責任を持つ。

ある意味では、プロダクトOpsが存在するだけで、プロダクトマネジャーは現場でより多くの時間を過ごすことができるようになる。つまり、プロダクトOpsはプロダクトマネジャーを助けることから始まる。一方で、データをインサイトにし、その情報をプロダクト部門に渡すことで、プロダクトOpsの専門家は、さらにスマートで迅速な意思決定をもたらす。

Produx Labsの創設者であり、現代のプロダクトマネジメントの著名人であるメリッサ・ペリは、「プロダクトOpsは、頼まれたデータだけでなく、プロダクトの意思決定に必要なデータをリーダーシップに届けることができる必要がある」と述べている。

しっかりしたフィードバックループは、「プロダクト・イネーブルメント」に似ている。つまりそれはデータ、ストーリー、ガイダンスのことであり、プロダクトマネジャーが正しいソリューションを構築するだけでなく、既存プロダクトの最も重要な改善点を優先していることを確かめるために必要なことだ。顧客は新しいものを求めているのではなく、今あるものがより良く機能することを求めている場合がある。そこで、プロダクトOpsはエスカレーションにおいて鍵となる役割を果たす。利用状況とNPSのような満足度を関連づけることで、プロダクトマネジャーが、新しい機能の構築よりも、どのような時に機能の修正を優先すべきかを把握できるようにするのだ。

新しいものの開発と、既存のものの改良のどちらかを優先するのかという、信頼性の高い判断はスマートな実験に基づくものだ。プロダクトOpsチームは、実験プロセスの摩擦を取り除き、プロダクトマネジャーがより多くの実験を実行できるようにする。それによりビジネスの拡大に貢献するのだ。

プロダクトOpsチームは、すべての実施中の実験を記録し、テストが重複したり、互いに干渉したりしないようにする。また、実験プロセスの効率性と信頼性を高めるために、繰り返して試せる実験の手順をドキュメント化することもある。

インフラとレポート

こういったデータの管理にはインフラを必要とする。またプロダクトOpsは、プロダクトチームの技術スタックの選択、統合、維持、運用に責任を負う。プロダクト利用状況の分析、プロダクトガイド、フィードバックの収集、ロードマップ、他部門の記録システムとの統合などだ。これらはすべて、プロダクトOpsの管轄にある。

プロダクトOpsのリーダーは、インフラの所有者として、スタック内の各ツールのビジネス価値を示す責任もある。企業が技術投資から価値を引き出せるようにするのだ。ツールの乱立を防ぐことも、見落とされがちな優先事項だ。

一般的に、技術スタックを所有することは、レポートを所有することと密接に関係しており、プロダクトOpsも例外ではない。プロダクトOpsは通常、プロダクトチームの四半期ごとのビジネスレビューをまとめ、取締役会に報告する責務を担っており、プロダクトの健全性について定量的かつ計測可能な視点を提供する。これらのプレゼンテーションは、プロダクトチームの戦略とビジョンに対応していて、本書で取り上げているKPIの多くに光を当てる。プロダクトの粘着性、機能の定着状況、アプリの継続状況、NPSなどのメトリクスをまとめることで、プロダクトの多面的な健全性をリーダーシップ層に伝える。

プロダクトを組織の中心に据える

プロダクトチームの役割と責任は非常に幅広く、エンジニアリングからマーケティング、営業までさまざまな機能を担っている。しかし、従来のプロダクトチームには役員レベルのリーダーを明確においておらず、ほとんどの場合、他のオペレーション部門やマーケティング部門のリーダーに報告をしていた。しかし、（特にビジネスソフトウェアの）カスタマージャーニーの多くがプロダクト内で行われ、プロダクト体験がビジネス成果の原動力となるにつれ、企業はプロダクトリーダーをシニアリーダーシップチームの一員として、以前より目に見える責任あるポジションに引き上げている。これまで以上に、プロダクト部門は発言権を得るようになり、営業、収益、マーケティングの部門と同様に、Ops部門が必要とされている。それによって、プロダクトチームと組織全体がプロダクトを中心に整合する必要があるのだ。

まとめ

これまでの章では、組織が最適な顧客体験を提供するには、ユーザーとの関係を進化させる必要があることを説明してきた。そして、その目標を達成するために使える多くのツールやテクニックについて説明してきたが、プロダクトを中心に据えるように組織も進化させなければならない。そのオーケストレーターがプロダクトOpsだ。プロダクトが組織の中で果たす役割を再考し、ビジネスの他のすべての機能領域をどのように結び付けるかを考えることで、プロダクト主導型組織への変革を始めることができる。

CHAPTER 17
行動への呼びかけ

本書は、プロダクト主導型組織を実現するための旅に皆さんをお連れすることを目的としている。そして、その旅では、あなたが進んで変化を起こし、考え方を変えることが必要だ。これまでうまくいっていたことが、これからのビジネスの成長や成功につながるとは限らない。繁栄する企業を作りたい、あるいは維持したいのであれば、顧客体験を促進するプロダクトの力を認識する必要がある。プロダクトチームの影響力が増すにつれ、組織内のすべての人をプロダクト主導型のアプローチに導くことができるかどうかは、あなたのようなプロダクトリーダーにかかっている。

プロダクト主導型のムーブメントは、プロダクト、エンジニアリング、マーケティング、営業、カスタマーサクセスの境界線を曖昧にしている。かつて、プロダクトチームの責任は機能をリリースすることに限られていた。しかし今では、営業やマーケティングと協力してプロダクトを顧客獲得ツールとして再構築したり、カスタマーサクセスと協力してプロダクトをオンボーディングや顧客維持のための手段としたり、役員が戦略的な意思決定を行う際に収益データと一緒にプロダクトの分析結果を見られるようにしたりすることも、プロダクトチームの肩にかかっている。

プロダクトの役割は変化している。プロダクト機能より顧客体験が重視されつつあるので、今の時代のプロダクトリーダーは、意味のあるユーザー体験をもたらすために、新たなスキルと習慣を身につける必要がある。大胆な行動は幸運を呼ぶのだ。この変化にいち早く適応した者が報われる。

すでに一部の企業は、この新しいプロダクトマネジメントの世界を受け入れ始めている。世界的な大手レンタカー企業の役員が、CIOから最高製品開発責任者（CPO）に昇進し、デジタルプロダクトの開発に注力していることを考えてみてほしい。なぜだろうか？　それは、彼とその企業が、競合他社の先を行くための唯一の方法が、プロダクトをすべての中心に据え、プロダクト主導型になることだと認識しているからだ。間違えないようにしてほしい。競合他社もまだプロダクト主導型の戦略に踏み出していないと考えているのなら、もうすでに遅れをとっているかもしれない。

しかし、今からでも遅くはない。また、本書のここまでで提案したことを一度にすべて実行する必要はない。少しずつ始めればいい。そして、まずはデータから始めよう。計測していないものは改善できないことを忘れてはならない。いくつかの指標やベンチマークを設定し、それを「Why」や「どこに向かいたいのか」に結びつけよう。

データで基礎を築いた後は、どのようにプロダクトを顧客体験の中心に据えられるかを考えるようにしよう。その体験を提供する方法を再考し、人間の介入に頼らない、プロダクト内部で自動化されたアプローチで実現する方法はないだろうか。顧客はシンプルな体験を求めており、それを自分でコントロールしたいと思っていることを忘れないでほしい。どうすれば顧客が求めるものをより多く提供できるかを考えてみてほしい。

最後に、自分の組織がプロダクト主導型のアプローチにどれくらい整合しているかも考えてみてほしい。正しいチームを編成し、成長を促進する適切な指標を追っているだろうか？　将来の方向性を示すビジョンの中心に顧客を据えているだろうか？　そして、プロダクト開発のあらゆる段階で顧客のフィードバックを収集し、適用しながら、顧客と一緒にその未来を創造しているだろうか？

Pendoのコアバリューの１つに「Bias to Act（行動しよう）」がある。このことを新入社員に説明する際には、Pendoの社員が「あらかじめ許可を求めるよりも、うまくいかなかったら許しを乞う」という精神で動いた事例を毎回紹介している。私は、他の人が必要と思うものを、誰かがすでに作っていると思い込まないようにと勧めている。この価値観は、Pendoの多くの優れたプログラムやプロダクト機能を刺激してきた。意思決定を各個人に民主化するからだ。

それと同じことが、あなたにも当てはまる。今こそ、あなたが行動する時だ。誰か他の人があなたのチームや組織を進化させてくれていると思わないで欲しい。手遅れになる前に行動を喚起したいと思い、本書を書いた。誰かに無理矢理変えられる前に、あるいは競合他社に追い越される前にだ。この機会に、プロダクトに対する考え方を変え、プロダクトが顧客体験全体をどのように変えられるかを、あなたの企業で再考してみて欲しい。プロダクトを作ることに関しては、1つとして同じ企業はないのだ。

謝　辞

Wiley社から本の執筆を依頼されたとき、とても良いアイデアだと感じた。私は本を書いたことがなかったので、本を作るために必要な労力ではなく、最終的な結果について主に考えていた。プロダクトドリブンな企業であることの意味について、私は強い視点と一連のアイデアを持っていたが、それらのアイデアを紙の上に載せ、興味深く説得力のあるものにすることは、予想以上に困難な課題だった。ありがたいことに、この最初の本を作るにあたっては、強力なチームのサポートがあった。

Pendoのマーケティングチームは、多大なサポートをしてくれた。彼らは、このプロセスにおいて、絶えず私をおだて、リマインドし、執筆し、そして助けてくれた。彼らの忍耐に感謝している。私は、自分が何をしたいのか分かっていても、それを説明するのに苦労することがある。Jake Sorofmanは、このプロジェクトの最初の主要なパートナーであり、あの草稿作成の時間は一生忘れないだろう。Laura Bavermanは、このプロジェクトの実現に向けて裏方として尽力してくれた。Joe Chernovは、プロジェクトを完成させるためのサポートとコンテンツを提供してくれた。

Pendoのデザインチーム、特にJess Vavraは、グラフィックの制作で素晴らしい仕事をしてくれた。Darren Dahlは、数カ月後にこのプロジェクトに参加し、プロジェクトの軌道を変えてくれたと自信を持って言える。私のスケジュールやスタイルに合わせて、忍耐強く、かつ柔軟に対応してくれたおかげで、ほとんど意識の流れから出てきたストーリーやアイデアを、納得のいくストーリーにまとめることができた。また、Wiley社の編集チーム、特に担当編集者であるGary Schwartzにも感謝している。本の執筆とは別に、私は高成長のスタートアップ企業の経営という本業がある。私が本書の完成に集中できるように、チームが協力してくれた。私の生活を支えてくれているJamie Brownは、私がこのプロジェクトを完了できるようにスケジュールを調整してくれた。Stephanie Brookbyは、私の重要な仕事を手伝ってくれた。そして、リーダーシップチーム、さらにはPendoの400人以上の人々が、本書の実現に力を貸してくれた。

約７年前、ソフトウェアプロダクトの効果を計測し、改善するためのプロダクトを作るために、Eric Boduch、Rahul Jainand、Erik Troanの３人が、私に加わってくれた。私は身をもってこの領域におけるペインを体験していたので、既存のソリューションよりも優れた方法でこの課題を解決できるイメージを持っていた。ここまでの道のりはとても素晴らしいものだった。この過程で、私たちがいかにして互いの関係を維持し、成長してきたことは驚くべきことだ。皆さんの努力、励まし、そして必要なときには厳しい言葉をかけてくれたことに感謝している。

本書に掲載されているストーリーやアイデアの多くは、プロダクト主導型組織で働くチームと人々から得たものだ。あなたたちの革新的な精神が、本書での私の努力を促し、インスピレーションになった。反復と改善を続けてほしい。

最後になったが、妻のLaura、子供のMickey、Eva、Stella、Anders、Annikaには、本書を完成させるために犠牲を払ってくれたことを感謝する。本書の執筆は私のスケジュールに足されたものだったが、みんなが余分に家事を引き受けてくれて、私が本書を完成できるように解放してくれた。とても感謝している。

著者について

トッド・オルソン　Todd Olson

トッド・オルソンは、ソフトウェアプロダクトの定着を加速・深化させるプラットフォーム Pendoの共同創業者兼CEO。３度の起業を経験したトッドは、急成長するテクノロジー企業を経営する上での、あらゆることを経験してきた。最初のベンチャー企業はドットコム時代に終了し、２番目の企業はRally Software社に売却し、同社のIPOまでプロダクト担当副社長として勤務した。３社目が、2013年10月にRed Hat、Cisco、Googleのプロダクトリーダーや技術者たちと設立したPendoになる。本書の執筆時点で、トッドとチームは、ベンチャーキャピタルから２億600万ドルを調達した後、1500社以上の顧客を獲得し、今は世界の６つのオフィスで450人の従業員を雇用している。妻と４人の子供と一緒に、ノースカロライナ州ローリーに住んでいる。

INDEX

数字、A-Z

あ

か

さ

ま

や

ら

わ

訳者あとがき

本書ではさまざまな論点が取り扱われています。その論点の中から、私がユーザーに価値を届けるために改めてその重要性を再認識した、また今後実験する価値があると考えた論点についていくつか取り扱います。読者のみなさんも、ご自身の背景や課題に合った論点とそこからの学びを本書から見出されることを望んでやみません。

データインフォームドな意思決定

本書では、全編を通してデータとメトリクスへの言及が繰り返されます。「プロダクトの意思決定にデータを活用する」「成功につながる指標を設定する」ことは、プロダクトマネジメントにおいて基本です。こうしたすでに既知とも言えるデータとメトリクスについて、本書の中で幾度となく繰り返されるたびに、「果たして自分はこれほどまでに執着できていただろうか?」と、私は自問自答をせずにはいられませんでした。これまでの仕事を振り返り、徹底してデータを活用して意思決定を行い、成功につながる先行指標のメトリクスを設定し、組織的な整合ができていたかというと答えに窮します。Chapter 1でも指摘のある通り、「もし人々に何が欲しいか尋ねたら、彼らはもっと速い馬が欲しい、と言っただろう」という言葉を言い訳に、顧客から定性データを得る対話ですら十分にできていなかったように思います。「言うは易く、行うは難し」で、知識として理解していても実践に執着し続ける難しさを痛感します。また、本書では「データインフォームド」という言葉も紹介されます。本文中でも言及されるように英語圏ではよく使われる言葉ですが、日本ではさほど浸透していない言葉でしょう。一方でよく浸透している「データドリブン」という言葉は、(特に定量)データへの過剰なまでの期待や偏執のニュアンスとして捉えられてしまう誤解もあると感じます。例えば「データからのインサイトのない、またはインサイトに沿わない意思決定はしてはならない。意思決定内容はデータでのみ伝えられるべきである」といった強迫観念がよぎるとすれば、言葉の罠にはまっているのかもしれません。データインフォームド、つまり定量・定性データの両方から情報を得ることに執着しながらも、現場で繰り返し思考され実践されてきた知見に基づく「直感」を組み合わせて活用することも、仮説設定や意思決定において重要でしょう。また、その決定内容をデータとともにストーリーとして他者に伝えることも組織の整合のためには必須といえます。つまり、定量・定性データの両方、そして直感を活用し、可能な限り多くの情報と選択肢を融合し、それらを限られた時間枠の中で最大限検討して仮説設定や意思決定をする。そしてストーリーとメトリクスによって組織に共感と整合を作る。これからのプロダクトマネジャーにはこうしたデータインフォームドに基づいた影響力の持ち方が求められるでしょう。

Product-led Growth（PLG）の導入

本書の第2部では、事例を交えながらプロダクト内に「プロダクト主導」を組み込む手段に踏み込んでいます。著者がまえがきの中で「PLGは、実際にはプロダクト主導型組織になったことによる副産物に過ぎない」と述べるとおり、プロダクト主導型組織がすなわちPLGそのものではありません。しかしプロダクト自体の体験と価値を高め、従来はプロダクトの外側で行っていたマーケティングや営業、カスタマーサポートの活動をプロダクトの中で行うというPLGの考え方を、プロダクト主導型組織が実現すべきものの1つとして解説していると言えます。

私自身、BtoBプロダクトのプロダクトマネジメントに関わっていましたが、当時はこのPLGの考え方を適用していませんでした。ローンチ後、日々増大する問い合わせや営業機会、トライアル環境のセットアップをすべて人手で対応し、スケールに苦労していたことが思い出されます。まさに、PLGの対義語としてあげられることのある「Sales-led Growth」です。しかし当時もしPLGを実現する機能の開発を検討したとしても、優先順位を上げられたかは定かではありません。「人手でも対応できてしまう」という誘惑と、一から開発する労力の大きさは課題であり、優先順位を下げる理由としては十分だったでしょう。今ではその労力を最小化するさまざまなツールが市場で提供されています。PLGの実現が従来よりも容易となった今、本書をその導入の案内として読んでいただければ役立つでしょう。

プロダクトOpsの実装

本書の第16章では「プロダクトOps」が紹介されています。本文中でも参照されていますが、メリッサ・ペリの書籍「プロダクトマネジメント（オライリー・ジャパン、メリッサ・ペリ著、吉羽龍太郎訳）」の中でも紹介される考え方です。プロダクトの初期や関係者が少ない間は一人でもやれていたプロダクトマネジャーの仕事が、プロダクトやビジネスの拡大に伴ってどんどん溢れてしまうことはよくあることでしょう。しかも期限のあるオペレーティブな仕事の割合が増すことで、プロダクトマネジャー以外では代替しづらい、ユーザーの体験と価値にまつわる重要性の高い仕事に十分な時間が避けないという状態に陥ることもあります。また作業に忙殺されることで、オペレーティブな仕事の自動化のような中長期的に生産性を上げる投資にも手が回らなくなるという、負のループに陥ることもあります（こういった負のループの発生は、他の職種においても同様でしょう）。こうした場合にも、プロダクトマネジャーの職務を分割するニーズが発生します。その分割方法の一つの提案が「プロダクトOps」です。

職務の分割や役割の分担には常に「縦割り化（サイロ化）」を生むリスクが伴います。著者が全体を通して述べるように、プロダクトを組織の中心として据え、各役割がそこに整合することがサイロ化を起こさない重要な要素になることでしょう。役割の境界を最低限の土台として明確にした上で、その役割をまっとうしながらも、組織やプロダクトのビジョンとミッションのためにそれぞれが境界を越えながら仕事をすることを奨励する組織が理想だと考えます。

2019年に書籍「Inspired」（日本能率協会マネジメントセンター、マーティ・ケーガン著、佐藤真治、関満徳監訳）の日本語版が出版された後に「プロダクトマーケティングマネジャー（PMM）」の役割に関する議論と、組織内での役割定義と実装がさまざまな企業で行われたように、今後日本で「プロダクトOps」に関する議論と組織内での実装の実験が行われ、その実験結果がコミュニティで発信され議論が発展していくことを楽しみにしています。

訳者謝辞

担当編集の山地淳さんに感謝します。最後まで粘り強く提案や助言をくださいました。翻訳原稿のレビューに参加くださった、「プロダクトマネージャーカンファレンス実行委員会」のチームメイトである小城久美子さん、杉原達也さん、丹野瑞紀さん、久津佑介さん、三浦伸明さん、水嶋彬貴さん、宮里裕樹さん、横井啓介さん、また日本の代表的なプロダクトマネジメントコミュニティである「プロダクト筋トレ」でレビュアーとして名乗り出てくださった荒井悠さん、伊藤景司さん、田沼聡美さん、中村誠さん、Tomoko Miyakeさんに感謝します。的確でインサイトのある指摘が本書の読みやすさの向上に繋がりました。また、翻訳の序盤から共同作業をしてくれた友人である平坂透さん。翻訳の洗練、解釈への意見、作業支援、励ましなど、常に思いやりにあふれ、前向きな姿勢での協力に感謝します。そして誰よりも、出産が私の作業の佳境と重なる中でも常に優しく全面的に応援し続けてくれた妻に感謝します。誕生した長男も、その存在が佳境での励ましとなりました。二人とも心からありがとう。また最後に、私にこの分野における多くの知見を与えてくれたプロダクトマネジメント、およびアジャイルコミュニティに感謝し、更なる繁栄を祈ります。

2021年10月

横道稔

訳者紹介

横道稔　Yokomichi Minoru

ソフトウェアエンジニアのキャリアを経て、現在はLINE株式会社にてアジャイルに関する社内コンサルティングや、プロダクトマネジャー育成をミッションとする組織を率いている。2016年より「プロダクトマネージャーカンファレンス」の企画・運営に携わり、現在も実行委員会チームにてカンファレンスを毎年開催。

プロダクト・レッド・オーガニゼーション
顧客と組織と成長をつなぐプロダクト主導型の構築

2021年11月10日　初版第1刷発行
2021年11月20日　　　第2刷発行

著　者――トッド・オルソン
訳　者――横道稔

発行者――張 士洛
発行所――日本能率協会マネジメントセンター
〒103-6009　東京都中央区日本橋 2-7-1 東京日本橋タワー
TEL　03(6362)4339(編集)／03(6362)4558(販売)
FAX　03(3272)8128(編集)／03(3272)8127(販売)
https://www.jmam.co.jp/

装　丁――山之口正和＋沢田幸平（OKIKATA）
本文DTP――株式会社明昌堂
印刷所――広研印刷株式会社
製本所――東京美術紙工協業組合

ISBN 978-4-8207-2955-6　C3055
落丁・乱丁はおとりかえします。
PRINTED IN JAPAN